O Sistema Universal

Revelando a Orquestração Cósmica

Maceió - Brasil
2023

O Sistema Universal

Revelando a Orquestração Cósmica

JEAN-CHARLES WATELET

Maceió - Brasil
2023

O Sistema Universal
Revelando a Orquestração Cósmica
de Jean-Charles Watelet

ISBN: 9798872265627

Sumário

Capítulo 1: O Despertar da Consciência

Capítulo 2: A Teia Cósmica

Capítulo 3: A Dança Celestial

Capítulo 4: O Sistema se Revelando

Capítulo 5: A Dança dos Planetas

Capítulo 6: O Tecido Cósmico

Capítulo 7: Rumo ao Desconhecido

Capítulo 8: Voltando para casa

*"Tudo dia faz o melhor que pode com o que tem
até que o que tem melhor
para poder fazer melhor ainda"*

Jamais se arrependerá

Jean

Prefácio

Você já se perguntou se uma ideia simples, um único ciclo de uma partícula ao redor de seu núcleo, poderia revelar o DNA do universo? Este livro convida você a uma jornada única que parte exatamente dessa premissa. Usando apenas o raciocínio lógico, o autor embarcou em uma expedição intelectual que durou sete meses, seguindo um pensamento que começou no mundo subatômico, passou pelo nosso Sistema Solar e continuou até os confins do universo.

No centro desta jornada está uma poderosa equação: $F_1 + F_2 = 0$. Esta fórmula tornou-se a bússola que guiou uma exploração em busca de entender se as intricadas interações de uma partícula poderiam ser a chave para desvendar os segredos mais profundos do universo. O autor, um mecânico da aviação que descobriu uma mecânica sistemática dentro das interações do sistema, convida leitores com conhecimento suficiente de física a acompanharem a dissecação e reconstrução do cosmos, usando apenas a lógica para determinar cada etapa dessa aventura. A inspiração para essa busca surgiu do desejo de validar a teoria de que o comportamento humano poderia ser diretamente influenciado pelas leis da física — uma ideia ousada que o autor se propôs a provar por meio deste sistema.

Tudo começou com um desenho simples de uma partícula dando a volta ao redor de seu núcleo, esboçado em uma folha em branco. Desde o início, o autor teve a sensação de que havia descoberto algo grandioso, talvez até o próprio sistema universal, mas não encontrou ninguém com quem compartilhar essa ideia. Foi assim que decidiu resolver tudo sozinho. Durante esse mergulho profundo para solucionar o sistema, as respostas pareciam literalmente pular da tela do computador, proporcionando emoções inesperadas e reforçando a sensação de estar no caminho certo.

Uma das características mais impressionantes desta obra é que ela não segue um caminho predeterminado. O autor iniciou essa jornada sem saber onde ela o levaria, permitindo que a própria exploração ditasse cada próximo passo. É um verdadeiro testemunho do poder da curiosidade e da busca pelo entendimento, onde cada descoberta abre portas para novas perguntas, levando-nos mais adiante em um caminho desconhecido.

O leitor experimentará uma jornada impressionante — que começa com os menores elementos e se expande, de forma lógica e sistemática, até abranger as maiores estruturas cósmicas. Passo a passo, o autor conecta os pontos, revelando como cada parte do universo está intrinsecamente ligada, como notas em uma grandiosa sinfonia cósmica.

Este livro não é apenas uma exploração do universo, mas também uma exploração do potencial do pensamento humano. Ele nos desafia a pensar além dos limites convencionais, a questionar o que sabemos e a ousar buscar respostas diante do desconhecido. **Você está pronto** para se juntar a esta jornada? Para questionar as leis fundamentais do cosmos e descobrir o que pode estar além?

A jornada começa aqui — uma exploração que promete não apenas conhecimento, mas também o encanto de vivenciar o universo a partir de uma perspectiva completamente nova.

Agradecimentos

Quero reconhecer a própria jornada — os desafios, as complexidades e os obstáculos que se tornaram meus maiores professores. Foi enfrentando adversidades e navegando pelas dificuldades que encontrei a força para explorar, criar e descobrir. Cada revés se tornou um degrau, e cada obstáculo, um catalisador para olhar mais fundo e além do óbvio. Esta obra é dedicada à essência da persistência e da transformação — ao fogo que a adversidade acende dentro de nós.

Lembro-me como se fosse ontem da monstruosa decepção que acabava de receber. Foi naquele momento que olhei para o meu computador e tive a certeza de que conseguiria resolver esse problema. Sentei-me e só me levantei sete meses depois. Mais uma pessoa sofre, mais ela se torna um ser humano forte. Esta obra é um testemunho dessa força que se constrói ao enfrentarmos as dificuldades que nos são impostas.

Estendo também minha gratidão aos desafios e adversidades que forjaram minha determinação. Esses momentos de luta, injustiça e dificuldade despertaram em mim o impulso de questionar, investigar e compreender. Este livro é um produto não da facilidade, mas da resiliência que nasce diante da dificuldade. Às vezes, a motivação para explorar o desconhecido surge precisamente dos lugares mais sombrios — e é nessa adversidade que muitas vezes se encontra a inspiração mais profunda.

À curiosidade que se recusa a ser silenciada, devo muito. Foi o desejo incessante de entender o universo, a curiosidade insaciável e a determinação de encontrar sentido mesmo em meio ao caos que me guiaram até aqui. Esta obra é dedicada a todos que acreditam no poder transformador do pensamento, que se recusam a aceitar limitações impostas e que estão dispostos a explorar além do visível.

Por fim, agradeço ao meu eu do passado — a versão de mim que escolheu não desistir, que encontrou força nos desafios e se dedicou ao impossível. À perseverança que me manteve em movimento, mesmo quando o caminho parecia incerto — esta obra não existiria sem esse espírito duradouro. O verdadeiro prazer está na própria jornada, na busca pelo entendimento e na possibilidade de contribuir para a compreensão do cosmos pela humanidade.

Este livro é para aqueles que ousam buscar, que encontram força na adversidade e que acreditam no potencial ilimitado do pensamento humano. Que esta jornada inspire você, assim como me inspirou.

Introdução

Desvendando os Segredos Cósmicos: Uma Odisseia de Descobertas Além da Imaginação

"A ciência é um esforço contínuo para entender o universo em que vivemos. Cada descoberta nos revela mais sobre as interações complexas que moldam a realidade." — Albert Einstein

Embarque em uma odisseia de descobertas cósmicas. No vasto palco do cosmos, onde estrelas dançam em harmonia e galáxias narram histórias milenares, uma pergunta ecoa: como funciona o universo? Prepare-se para desvendar um enigma cósmico que desafia a curiosidade humana há séculos.

A narrativa que se desdobra é guiada por um autor movido por um desejo profundo de entender a essência do universo. Com uma abordagem que começa no infinitamente pequeno e atravessa dimensões até alcançar as maiores estruturas cósmicas, esta obra é uma jornada intelectual e pessoal. No prefácio, o autor compartilha a motivação por trás desta investigação: a tentativa de validar a teoria de que o comportamento humano é diretamente influenciado pelas leis fundamentais da física. Essa crença originou-se de uma inspiração íntima, uma faísca de curiosidade que rapidamente se transformou em um esforço monumental de sete meses para entender as interações que regem nosso universo.

Esta investigação é sustentada por uma poderosa ferramenta: a equação $F_1 + F_2 = 0$. A partir de um único ciclo de uma partícula ao redor do seu núcleo, o autor inicia um processo que revela a mecânica sistemática do cosmos. É uma obra para aqueles que desejam compreender como os menores elementos do universo podem se expandir em uma rede complexa de interações, conectando-se em uma grandiosa sinfonia universal.

Imagine o universo como uma vasta orquestra, em que cada elemento — desde partículas subatômicas até galáxias inteiras — desempenha seu papel, seguindo leis intrincadas que criam uma harmonia majestosa. A curiosidade do autor nos leva a explorar essa sinfonia, a dissecar cada elemento e a entender como eles interagem entre si, produzindo a realidade que vemos e sentimos.

Durante essa investigação, o autor aplicou um raciocínio puramente lógico, uma abordagem que reflete sua experiência prática como mecânico da aviação. Com essa experiência, ele encontrou paralelos surpreendentes entre a mecânica dos sistemas físicos que conhece e a mecânica universal que observava, acreditando que ambos seguiam um padrão ordenado e lógico. A jornada que você, leitor, está prestes a iniciar, segue esses passos — explorando e reconstruindo o cosmos a partir do que parecia ser uma simples ideia: um único ciclo de uma partícula.

Este livro, portanto, não é apenas sobre ciência, mas também sobre a coragem de questionar, de se aventurar pelo desconhecido e de explorar os limites do que pensamos ser possível. Cada capítulo desdobra uma parte do enigma, conectando conceitos físicos conhecidos a interpretações inovadoras que revelam uma mecânica profunda e interconectada do universo.

Com uma linguagem acessível, mas sem perder a profundidade técnica, esta introdução visa preparar o leitor para o que virá: uma jornada que começa nas menores partículas e, por meio de deduções lógicas e conexões perspicazes, nos leva ao outro lado do universo, revelando como todos os elementos estão entrelaçados em um sistema cósmico maior.

Prepare-se para uma jornada que transcende as fronteiras do conhecido, uma jornada de exploração que promete não apenas ampliar seu conhecimento, mas também proporcionar a inspiração de ver o universo a partir de uma nova perspectiva, conectando ciência, lógica, e uma curiosidade sem limites. A revolução do conhecimento começa aqui, e o convite está feito: você está pronto para desbravar o cosmos?

Capítulo 1

O Despertar da Consciência

*"No estudo das interações entre partículas e forças,
descobrimos uma harmonia intrínseca
que permeia o tecido do universo.
A ciência nos proporciona vislumbrar essa sinfonia cósmica."*

— Subramanyan Chandrasekhar
Prêmio Nobel de Física (1983)

A Revelação Cósmica

Certo dia, enquanto percorria os corredores silenciosos de uma antiga biblioteca, Ethan encontrou um livro misterioso. O título, em letras douradas, chamou sua atenção: *A Revelação Cósmica*. O couro desgastado da capa denunciava sua idade, enquanto o brilho nos olhos de Ethan revelava uma curiosidade insaciável. Sem hesitar, ele pegou o livro e abriu suas páginas amareladas, dando início a uma jornada que mudaria sua compreensão da realidade.

A narrativa do livro desvelava a saga de um sábio ancestral, um incansável buscador que dedicou décadas ao estudo das estrelas, planetas e galáxias. Convencido de que um sistema oculto governava o cosmos, esse sábio deixou suas anotações, abrindo um caminho para a compreensão desse intrincado sistema cósmico. As palavras do sábio ressoaram nos questionamentos de Ethan, alimentando sua curiosidade sobre as forças que moldam o universo e as conexões que mantêm partículas e corpos celestes em harmonia. Essa busca pela compreensão do cosmos moldou sua vida, levando-o a explorar campos tão diversos quanto a ciência, a astronomia e a filosofia.

As Fundações do Sistema

À medida que Ethan se aprofundava na narrativa, as palavras do sábio ancestral pareciam se entrelaçar com suas próprias reflexões. Já possuindo um conhecimento sólido sobre as quatro forças fundamentais que orquestram o universo, uma nova perspectiva começou a emergir: um sistema subjacente que coordenava as interações entre partículas e forças. Com a base científica que havia construído, Ethan estava pronto para assimilar as revelações do sábio, que se aprofundava nas zonas ondulatórias, representando o movimento da partícula ao redor do núcleo.

Ethan, com sua paixão pela ciência e pela exploração, sempre buscou respostas para as grandes questões do universo. Sua curiosidade o levou a estudar mecânica e a trabalhar na aviação, uma carreira que lhe proporcionou inúmeras viagens e experiências profissionais diversas. Essa trajetória lhe deu uma visão holística, conectando as complexidades da física com as nuances do comportamento humano. Foi essa paixão pelo comportamento humano que o levou a concluir que ele deveria estar vinculado às leis da física. Assim, começou a desvendar um fio condutor que, à medida que foi puxado, revelou a existência de um sistema peculiar.

Com uma inteligência notável e uma lógica implacável, Ethan decidiu mergulhar no desconhecido, começando com o simples desenho de um círculo em uma folha em branco. Ele acreditava firmemente que poderia encontrar o "DNA do universo", revelando uma mecânica sistemática que se repete. Para Ethan, essa jornada não era apenas sobre descobrir os segredos do cosmos, mas também sobre entender como esses segredos se aplicam a tudo ao nosso redor, incluindo a nós mesmos.

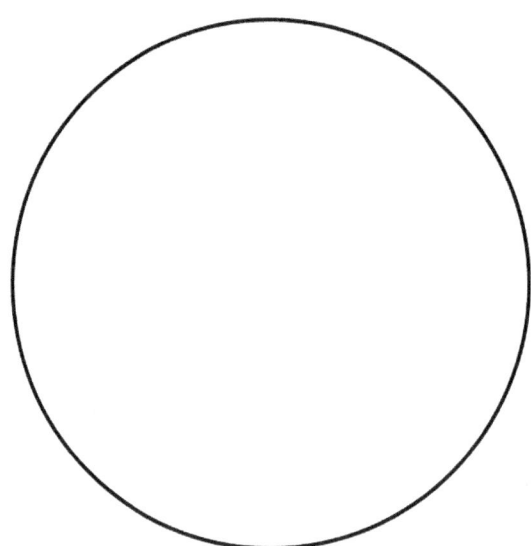

Princípios

Neste capítulo, traçaremos um caminho envolvente para compreender os princípios fundamentais que sustentam nossa busca pelo conhecimento do universo. Nosso foco é unir esses princípios físicos, demonstrando como cada um deles é uma pedra angular que molda o funcionamento do cosmos.

O Intrigante Universo do Átomo

Nossa jornada começa explorando o átomo, a unidade fundamental da matéria, presente em todos os elementos naturais, desde a terra até o corpo humano. O átomo, em sua essência, consiste em um núcleo central carregado positivamente, circundado por elétrons de carga negativa, que orbitam de forma estável. É importante notar que átomos com igual número de prótons e elétrons são eletricamente neutros, enquanto aqueles com desequilíbrios em seus componentes carregam cargas positivas ou negativas. Ao nos aprofundarmos nessa jornada, descobriremos que tudo no vasto universo se conecta intrinsecamente através de interações que envolvem cargas positivas, negativas ou neutras.

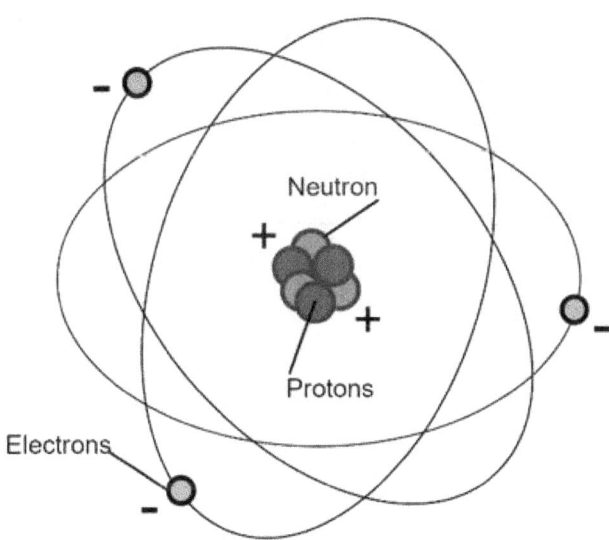

O Equilíbrio

*"O equilíbrio das partículas que constituem o átomo ocorre
quando as forças de atração e repulsão se anulam."*

— Eisberg (1979)

O equilíbrio observado no átomo também se manifesta no sistema solar. Assim como os elétrons orbitam o núcleo, os planetas mantêm órbitas estáveis ao redor do Sol em uma dança cósmica. A relação entre a força gravitacional e o movimento planetário é o que mantém esse equilíbrio constante. Essas relações precisas também se manifestam na interação Terra-Lua, onde a órbita lunar influencia tanto nosso clima quanto as marés, garantindo a estabilidade ambiental que desfrutamos. A busca pelo equilíbrio é uma constante em todo o vasto universo.

Dois Tipos de Interação

Como mencionado anteriormente, o equilíbrio de um sistema resulta da relação entre forças de atração e repulsão. Essas interações podem ser visíveis, como quando alguém empurra um objeto, ou invisíveis, como as forças magnéticas que ocorrem entre os polos opostos de ímãs. Podemos representar o equilíbrio das interações em um sistema como um círculo, onde a soma total dessas interações é igual a zero. Esse ponto é o equilíbrio, independentemente de ser visível ou invisível.

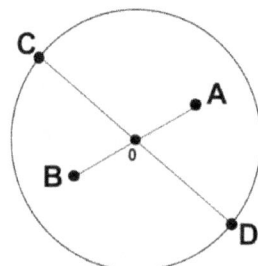

Figura nº1

Tudo Vibra

A Figura 1 pode representar uma configuração estática, mas, como observamos no vasto universo, tudo está em constante movimento. Basta observar a graciosa dança dos planetas, a fluidez dos oceanos e a oscilação da crosta terrestre. Agora, imaginemos um elétron em movimento, traçando uma trajetória circular. Nesse cenário, o elétron completa uma revolução em um determinado intervalo de tempo. Se quisermos representar esse movimento, levando em consideração o tempo necessário para uma revolução completa, obtemos a Figura 2.

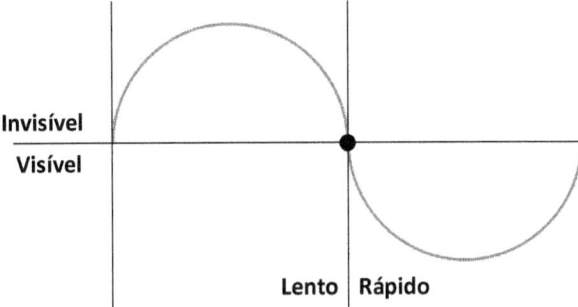

Figura nº2

A física é uma dança eterna de partículas, forças e interações, sendo a chave para desvendar os segredos do universo que nos cerca. Compreendê-la é o primeiro passo em nossa jornada de exploração, que nos levará a lugares fascinantes e à compreensão de como o mundo funciona. Prepare-se para uma viagem emocionante em busca da verdadeira essência do universo, onde a ciência encontra a filosofia e a maravilha da exploração espacial se encontra com os mistérios do cosmos. Afinal, o conhecimento é a chave que desbloqueia as portas da compreensão e da descoberta.

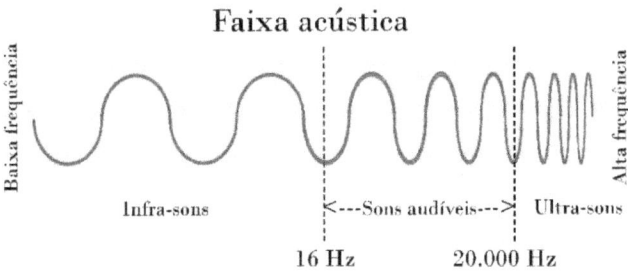

Figura nº3

O Valor da Frequência Vibracional: A Frequência e o Tempo

Imagine a frequência vibracional como a batida de um coração, uma pulsação que guia o comportamento das partículas no universo. Ela está intrinsecamente ligada ao tempo, e o ritmo desse movimento determina o mundo ao nosso redor. Quando uma partícula se move em um círculo, o tempo e a frequência estão entrelaçados. Quanto mais lenta for a partícula, menor será a frequência em torno do núcleo, criando uma coreografia única.

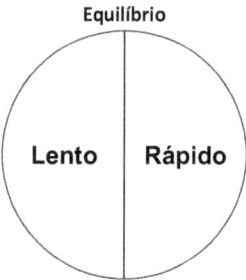

Lei da Ação e Reação: A Dança Universal das Forças

A busca por compreender como os corpos interagem entre si tem sido uma jornada intrigante ao longo da história. O cientista inglês Isaac Newton (1642-1727) lançou luz sobre esse enigma em sua obra seminal de 1687, *Philosophiae Naturalis Principia Mathematica*. Neste trabalho monumental, ele estabeleceu três leis fundamentais que regem o movimento dos objetos, tanto na Terra quanto no espaço. Para nossos propósitos, direcionaremos nossa atenção à Terceira Lei de Newton:

3ª Lei de Newton - O Princípio da Ação e Reação

Essa lei essencial postula que "quando uma força F1 é aplicada a um corpo, esse corpo reage com uma força F2 de igual magnitude, na mesma direção, mas em sentido oposto". Em outras palavras, para cada ação, há uma reação correspondente. Imagine alguém empurrando um objeto com uma força F1 em uma direção específica; o objeto responde com uma força F2 na mesma direção, mas em sentido contrário. Conforme avançamos nas próximas seções, você perceberá que a Lei da Ação e Reação desempenha um papel crucial em nosso entendimento de diversos fenômenos.

A frequência vibracional: Compreendendo o Movimento do Tempo

"Se você quiser encontrar os segredos do universo,
pense em termos de energia, frequência e vibração."

— Nikola Tesla

Continuando nossa jornada em direção à compreensão da Frequência Vibracional, este capítulo nos guia na compreensão da Frequência Vibracional e seus princípios fundamentais.

A Referência no Movimento Vibracional

Observando o movimento vibracional, conforme ilustrado na Figura 6, identificamos um ponto central que corresponde ao momento em que metade do ciclo foi percorrido. Chamamos esse ponto de "ponto de equilíbrio". A partir dele, podemos adotar quatro perspectivas sobre como percebemos um objeto em movimento no tempo.

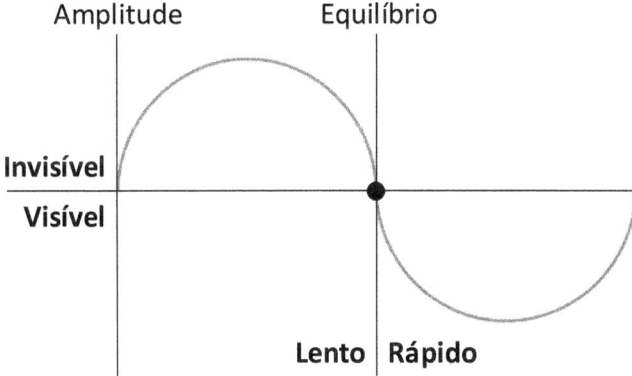

Figura nº6

Quatro Perspectivas Temporais

1. Quando nosso elétron está em movimento e sua localização atual representa o presente, a parte já percorrida do círculo denota o passado.
2. Da mesma forma, a porção restante do círculo representa o futuro.

3. Considerando que o objeto ainda não completou o ciclo, ele se encontra no presente, mas inclinado em direção a um futuro próximo, como indicado na Figura 7.

4. Além disso, se imaginarmos esse ponto na linha do tempo, ele representa o presente imediato.

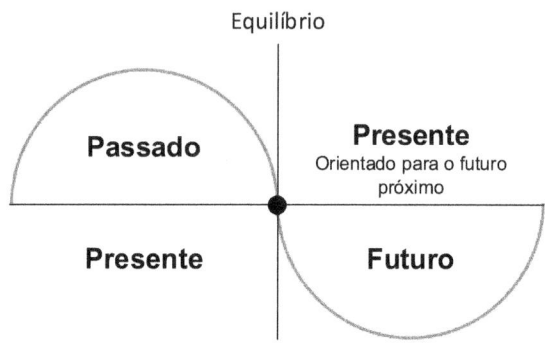

Dividindo o Ciclo

Na Figura 8, dividimos o círculo em quatro zonas, mantendo o equilíbrio. O passado equilibra-se com o futuro, assim como o "presente imediato" se relaciona com o "presente imediato" se relaciona com o "presente com orientação para um futuro próximo".

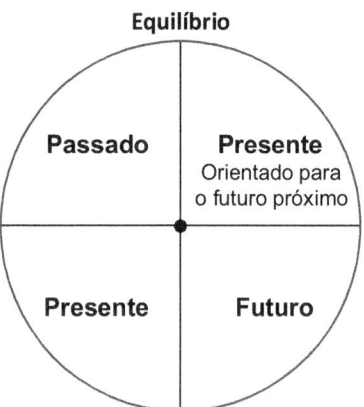

Figura nº8

Como discutido anteriormente, a velocidade com que o ciclo é percorrido pode variar, conforme ilustrado na Figura 9.

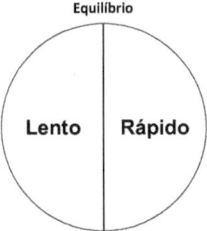

Figura nº 9

Duas Formas de Interação

Nas explicações anteriores, abordamos duas formas de interação: a visível e a invisível. Na parte superior da Figura 8, exploramos os momentos invisíveis relacionados ao passado e ao presente orientado para um futuro próximo. Na parte inferior, investigamos o presente visível e o futuro relacionado à criatividade, que exige visualização antes da realização, conforme demonstrado na Figura 10.

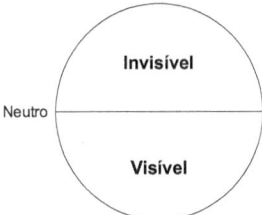

Figura nº 10

Três Naturezas de Interação

Dentro desse contexto, identificamos três naturezas de interação: a neutra, representada pelo ponto central do círculo; a negativa, que se relaciona às interações invisíveis; e a positiva, que está ligada às interações visíveis, conforme exemplificado na Figura 11.

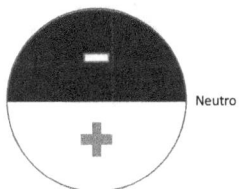

Figura nº 11

Soma de Todas as Interações

Considerando que o equilíbrio resulta da soma de todas as interações, e que o átomo usado como exemplo é singular, concluímos que nosso estado total é a soma de todas as informações discutidas até agora. A Figura 12 encerra nossa representação do estado da configuração. Esta figura revela a ligação direta entre o tipo de interação e a velocidade. Uma interação invisível/lenta está associada ao passado, enquanto uma interação visível/rápida se traduz no futuro. São duas relações temporais opostas, com características igualmente opostas. Esse conceito se aplica ao "presente" e ao "presente orientado para um futuro próximo".

A partir deste ponto, tudo o que exploraremos terá uma conexão direta com a Figura nº12, solidificando a relação fundamental entre interação e velocidade como base para nosso entendimento do funcionamento do sistema.

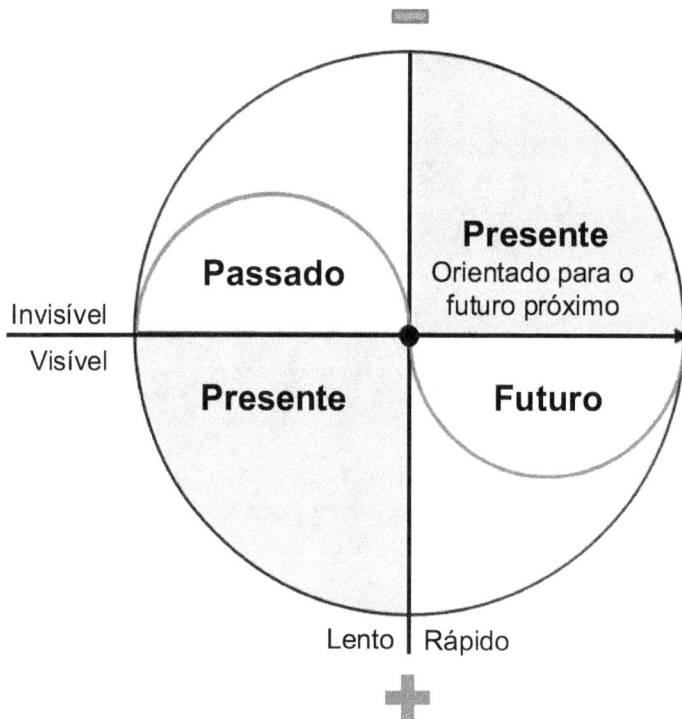

Figura nº12

À medida que estudava, um padrão emergiu diante de seus olhos: o presente correlacionava-se com a força nuclear fraca; o presente orientado para um futuro próximo, com a força nuclear forte; o futuro, com o eletromagnetismo; e o passado, com a força gravitacional. As peças do quebra-cabeça começavam a se encaixar.

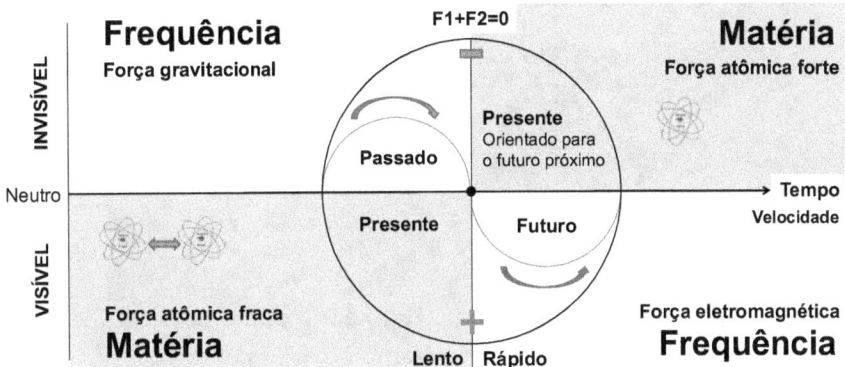

Essas conexões surgiram como um padrão fundamental ao funcionamento do universo, algo que Ethan sempre intuíra, mas agora percebia de maneira mais clara nas palavras do sábio ancestral. Ele identificou a existência de uma inversão na rotação da partícula, indicando a presença de dois sistemas opostos dentro do sistema principal.

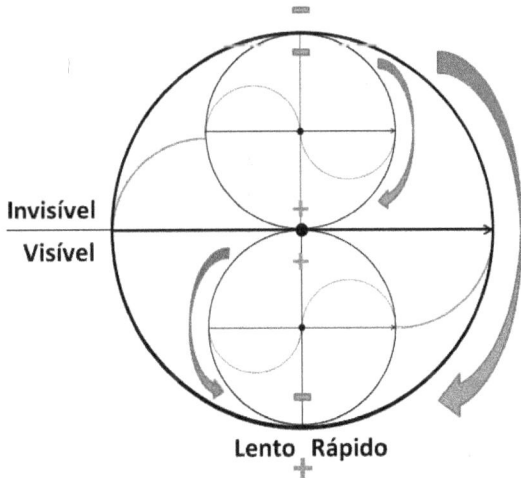

A lembrança de um ensinamento do mestre sobre as correntes oceânicas invisíveis da Terra, que se moviam em direções opostas, ressoou na mente de Ethan.

Isso o levou a compreender que, partindo do princípio de que o trajeto de uma partícula permanece sempre o mesmo, todas as partículas funcionam de maneira análoga. Ao observar um único átomo, Ethan percebeu que os elétrons formavam um sistema, assim como o conjunto de elétrons e o núcleo formavam outro sistema, sendo o átomo o sistema principal. Ao combinar vários átomos, Ethan notou que eles eram influenciados pela zona em que se encontravam.

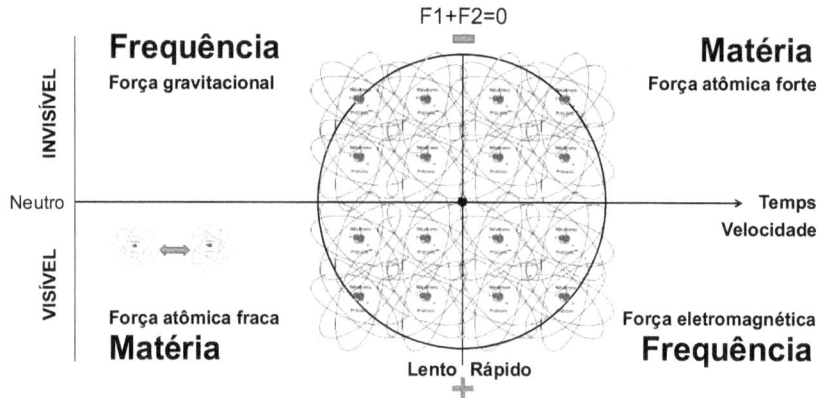

Inspirado por essa revelação cósmica, decidiu aprofundar ainda mais sua busca por conhecimento, ciente de que tal compreensão poderia ter implicações tanto no entendimento do universo quanto em sua própria jornada de crescimento pessoal e despertar da consciência.

A Dança das Polaridades

Determinado a desvendar o comportamento da partícula durante seu percurso ao redor do núcleo, Ethan mergulhou em uma intensa pesquisa, buscando respostas para suas indagações. Após horas de estudo e reflexão, ele começou a perceber um padrão intrigante. As três primeiras zonas representavam ações, enquanto a porção correspondente ao futuro delineava o caminho que a partícula ainda trilharia. Durante suas investigações, notou também que a partícula vibrava enquanto se movia. Para compreender essa vibração, ele percebeu a necessidade de entender o comportamento da partícula ao entrar na zona relacionada à força eletromagnética.

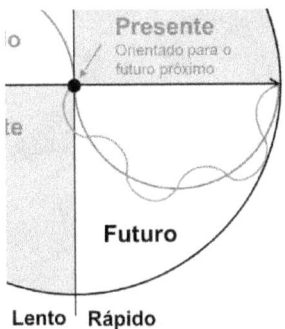

Refletindo sobre o sistema que havia desvendado, ele concluiu que a partícula só poderia iniciar seu percurso após completar um ciclo. Considerando que o percurso, dividido em três fases, abrangia três sistemas, Ethan compreendeu que a primeira metade do primeiro sistema funcionava como um meio sistema, facilitando a compreensão do restante do percurso.

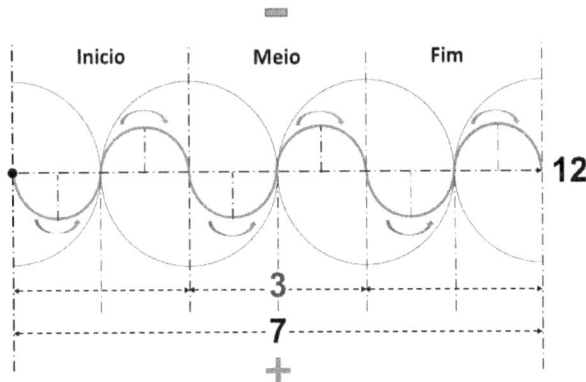

Uma descoberta notável revelou a existência de 12 zonas decorrentes do trajeto da partícula e 7 intervalos. Isso despertou a atenção de Ethan para a importância desses números e de todos os outros que encontraria durante sua jornada. Ele decidiu observar seu entorno mais atentamente, buscando discernir a função de cada número.

Ao entender como uma partícula se movimentava na segunda metade do trajeto, percebeu que a primeira metade deveria ser similar para atingir o equilíbrio.

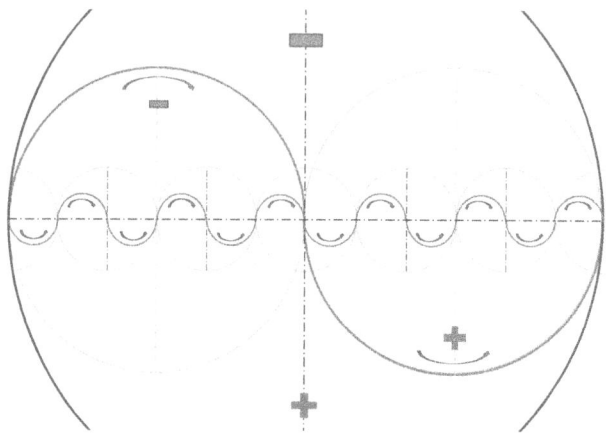

Faltava, no entanto, compreender as polaridades. Ethan concluiu que a partícula começava sua jornada adentrando a zona negativa com uma polaridade positiva.

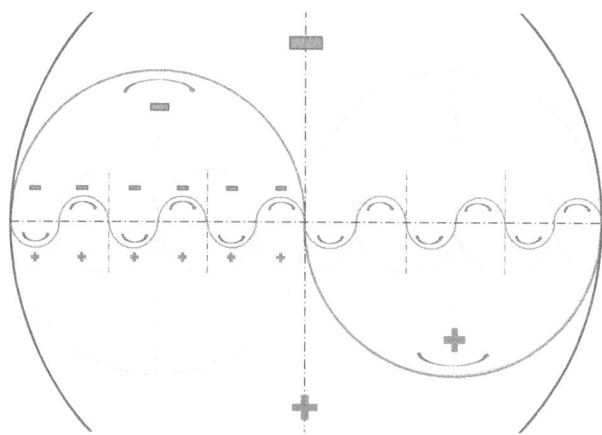

Ao avançar em suas investigações, notou uma inversão de polaridade ao alcançar a metade do trajeto. Essa inversão derivava do fato de que a partícula iniciava seu movimento na zona negativa com uma polaridade positiva, com o objetivo de estabelecer equilíbrio. Seguindo os princípios do sistema, ao adentrar a zona positiva, associada ao eletromagnetismo, a partícula entrava em negatividade, promovendo uma inversão de polaridade, visto que a primeira metade do trajeto culminava em negatividade.

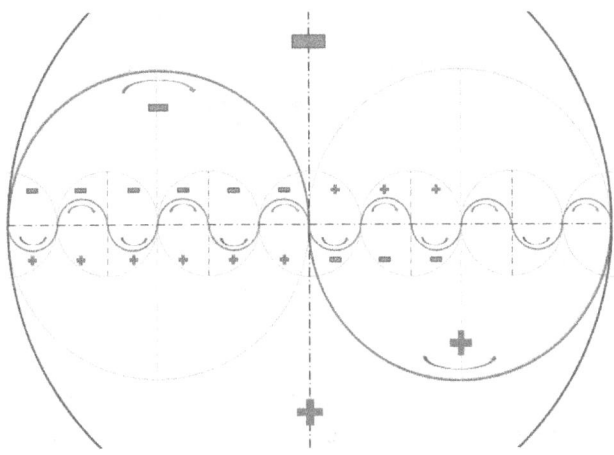

Ethan desvendou a inversão sistemática na metade do trajeto da partícula. Considerando que a segunda metade também constituía um sistema e que todos os sistemas eram similares, deduziu que ocorreria outra inversão na metade dessa segunda metade.

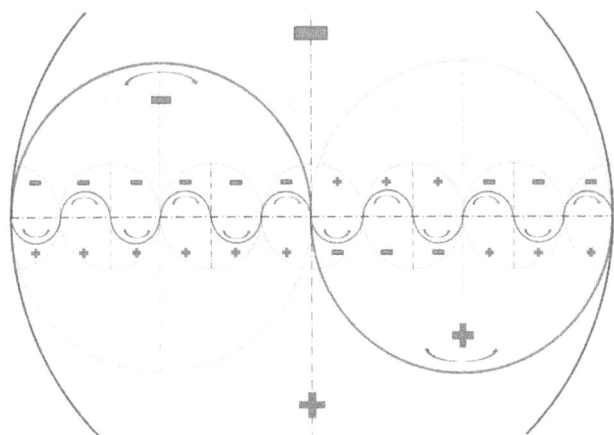

As revelações de Ethan, no entanto, não cessaram aí. Ele percebeu que a dupla inversão de polaridade culminava em uma inversão de zona, ligada a interações visíveis e invisíveis.

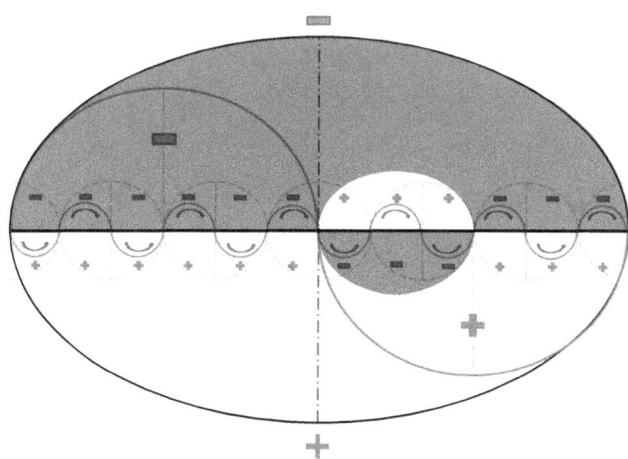

Impulsionado por essas descobertas, Ethan intuiu que poderia estabelecer uma analogia com o comportamento humano. Assim como as partículas, as pessoas também exibem tendências introvertidas na zona negativa e extrovertidas na zona positiva. Essa relação entre o microcosmo e o macrocosmo amplificou a importância das polaridades e sua influência em fenômenos continentais, oceânicos e climáticos.

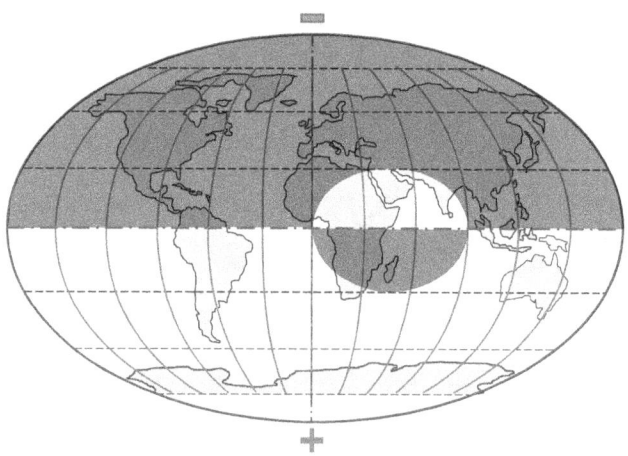

Prestando atenção às correntes oceânicas, observamos que uma parte do Oceano Índico também se encontrava na zona negativa. No entanto, devido à sua localização na zona de inversões de polaridade, situada na zona positiva, a corrente continuava seu percurso no sentido inverso ao dos ponteiros do relógio. Isso indicava as mesmas influências existentes na zona positiva do hemisfério sul.

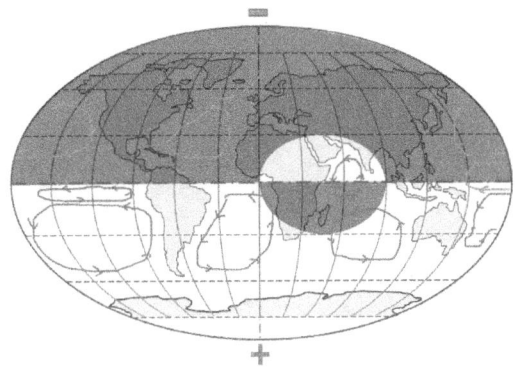

Os Elos da zona eletromagnética

A jornada de Ethan em direção ao universo misterioso e repleto de segredos estava apenas começando. Ele estava firmemente determinado a explorar os mistérios cósmicos que o instigavam, buscando respostas que tivessem o potencial de transformar sua compreensão do mundo e de si mesmo.

Percebendo a curiosidade intensa de Ethan em compreender os sistemas da zona eletromagnética, o mestre optou por instruí-lo mais profundamente sobre o fato de que, enquanto a partícula se movimenta, ela interage com seu próprio sistema, criando assim uma linha de interação.

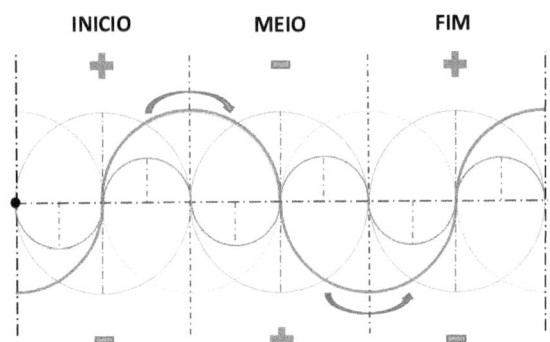

No entanto, não devemos esquecer que estamos tentando entender qual seria a resultante do movimento da partícula em cada um dos sistemas, representando as três fases decorrentes do movimento da partícula até o seu objetivo final.

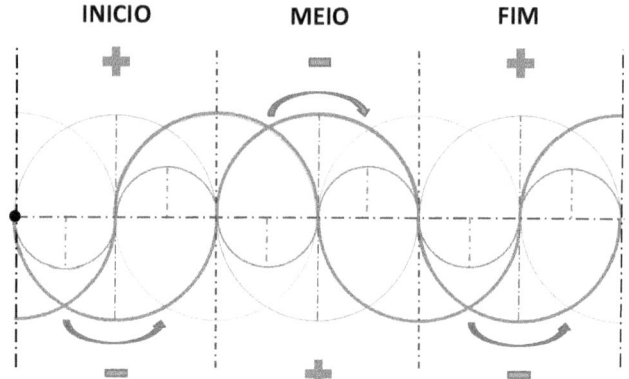

Considerando que o resultado apontaria uma configuração das linhas de interação do sistema da Zona Eletromagnética, podemos então supor que essa configuração se replicaria em cada um dos três sistemas principais encontrados na Zona Eletromagnética. Podemos observar que, para ter continuidade nas linhas de interações durante a passagem da partícula no sistema central, surgirá a inversão das duas linhas de maior comprimento de onda.

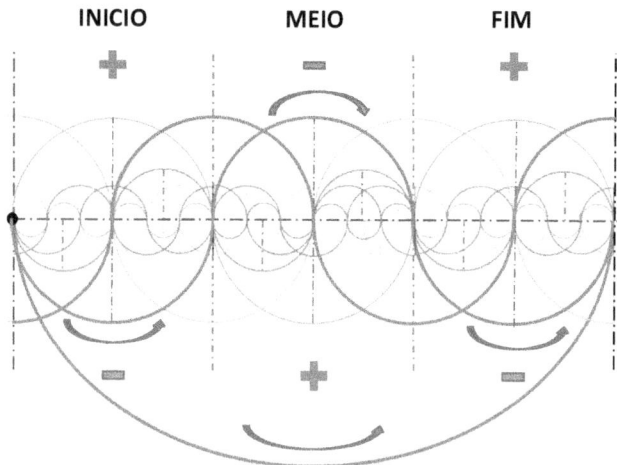

Dessa forma, o resultado nos apresenta sete linhas de interação. A principal é a da partícula, que determinará o som em função de seu comprimento de onda. As outras linhas de interação internas ao deslocamento da partícula representariam os ultrassons e só apareceriam na Zona Eletromagnética devido à localização da partícula e seu deslocamento. As três linhas de interação com comprimento de onda superior ao da partícula tenderiam a representar os infrassons.

Dessa maneira, fica fácil perceber quais serão as zonas de referência dentro das linhas de interação referentes aos ultrassons, totalizando 18 zonas decorrentes do deslocamento da partícula.

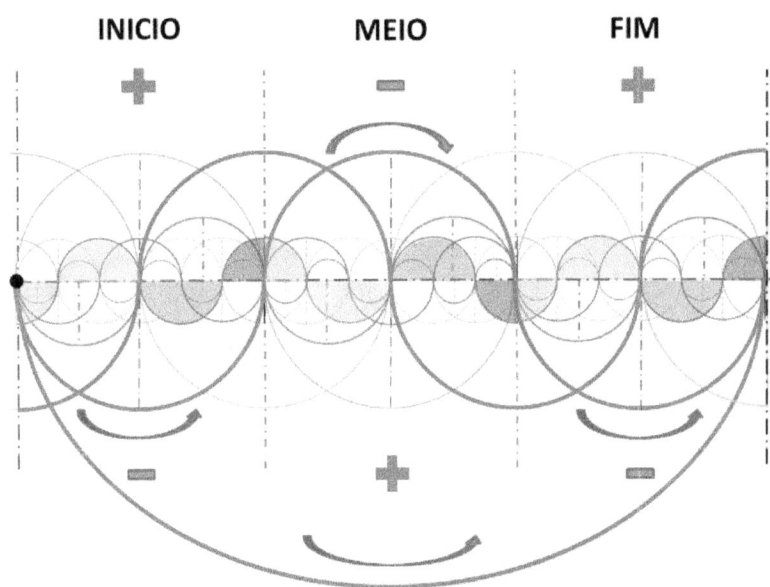

Observando com maior atenção, Ethan percebeu a presença de dois sistemas positivos de rotação invertida e um sistema negativo no centro. Ele enfatizou que esses sistemas se assemelhavam a espirais interligadas, entrelaçando-se umas nas outras ao longo do movimento da partícula.

Início

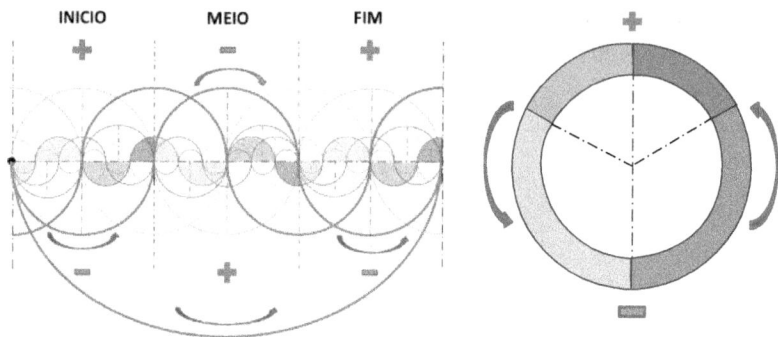

Meio

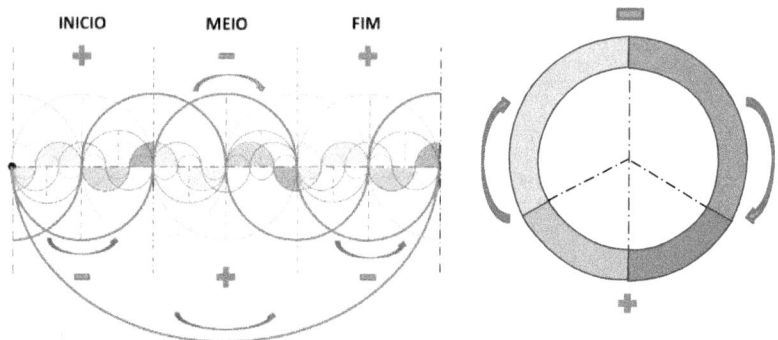

Fim

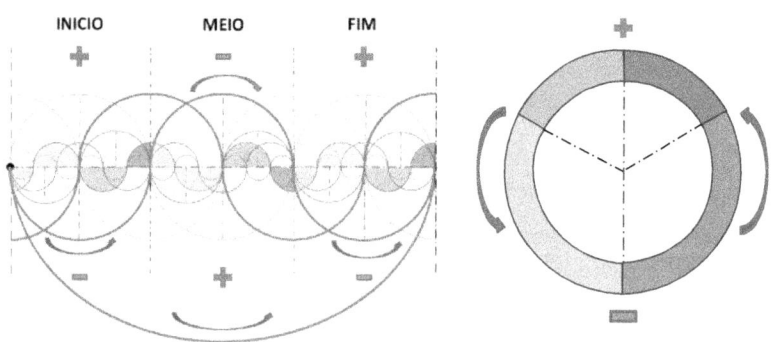

Resultado

INICIO   MEIO   FIM

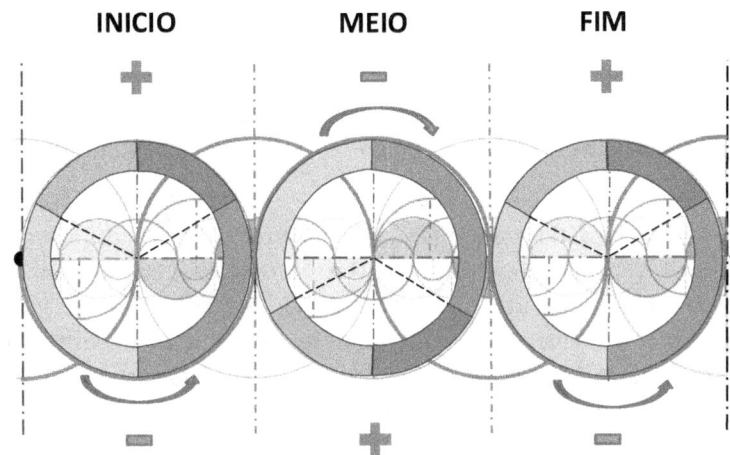

O sistema revelado

De forma intrigante, Ethan lembrou-se de uma pesquisa conduzida por meio de um aplicativo intitulado "Melhore seus Relacionamentos". Esse aplicativo utilizava princípios semelhantes aos do sistema para explicar características do comportamento humano. A pesquisa envolveu cerca de 10.000 pessoas de língua portuguesa ao longo de um ano e meio, independentemente de suas localizações geográficas.

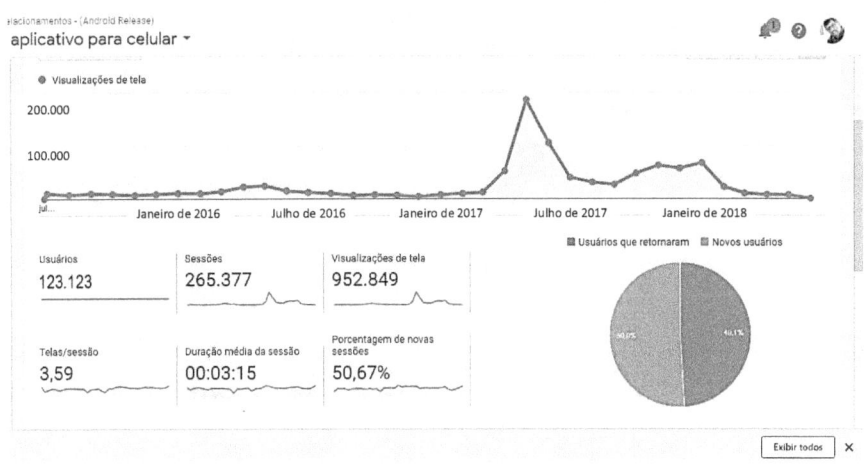

Os resultados foram surpreendentes, mostrando uma notável semelhança com o sistema que Ethan estudava. As informações coletadas pelo aplicativo sobre tipos, táticas de relacionamento, canais de comunicação e influências nas ações exibiam padrões altamente correlacionados com o sistema decifrado por Ethan. Embora tenha enfrentado dificuldades para obter mais detalhes específicos, concluiu que tal sistema estava presente em qualquer tipo de ação, como na busca por um perfil comportamental em um aplicativo.

Além disso, ele percebeu que o sistema não era afetado por distâncias ou pelo tempo necessário para uma ação ocorrer. O resultado permanecia consistente, independentemente das variáveis observadas, indicando que o ciclo se repetia de forma previsível. Com essa descoberta, Ethan sentiu-se recompensado e percebeu que estava diante de um conhecimento que transcendia os limites da física, aplicando-se a todas as áreas observáveis, inclusive ao comportamento humano. Isso o incentivou a explorar ainda mais as interconexões entre os sistemas e o impacto dessa compreensão em sua jornada de crescimento pessoal e na compreensão do universo. Com um renovado senso de propósito e determinação, Ethan prosseguiu, ansioso por desvendar mais segredos e explorar as implicações dessa percepção em sua vida e no mundo ao seu redor.

Resultado referente as Táticas relacionais

A pesquisa mostrou que as táticas de relacionamento entre as pessoas se alinhavam com as interações entre partículas. Assim como as partículas buscam estabilidade, as pessoas também procuram equilibrar suas interações sociais para manter a harmonia em seus relacionamentos.

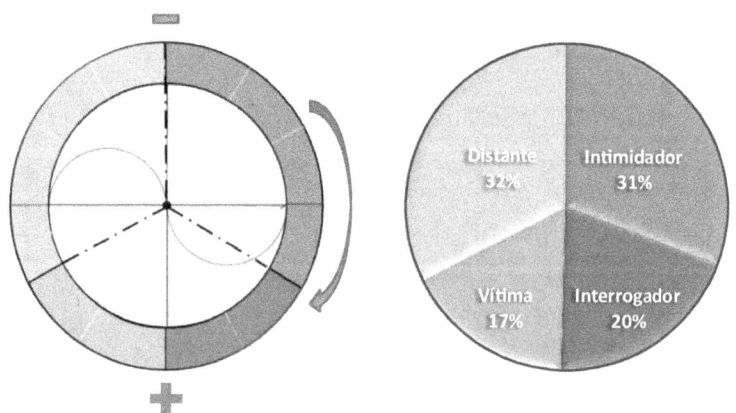

Resultado referente a Tipologia

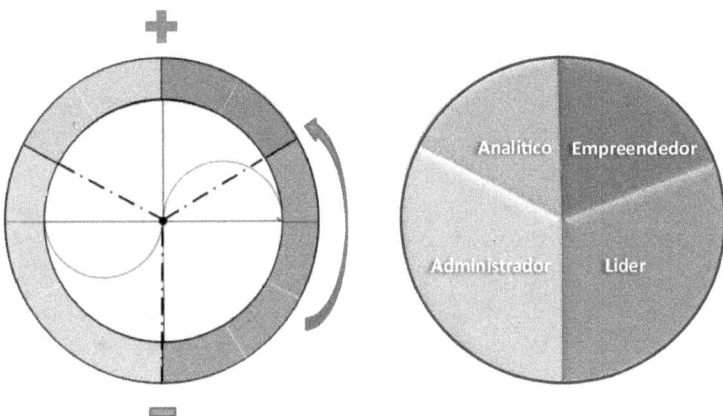

Ademais, Ethan percebeu que o sistema não era afetado por distâncias ou pelo tempo necessário para uma ação ocorrer. O resultado permanecia consistente, independentemente das variáveis observadas, indicando que o ciclo se repetia de forma previsível. Com essa descoberta, Ethan sentiu-se recompensado por suas investigações.

Explorando as Interconexões

Dessa maneira, com um renovado senso de propósito e determinação, Ethan prosseguiu, ansioso por desvendar mais segredos e explorar as implicações dessa percepção em sua vida e na compreensão que tinha do mundo ao seu redor. Ele começou a aplicar seus conhecimentos em diferentes áreas, desde a análise de padrões climáticos até a melhoria de estratégias de comunicação em organizações. Cada descoberta reforçava sua convicção de que o universo, em todas as suas escalas, obedecia a um conjunto de princípios universais.

Os Sistemas da Zona Eletromagnética

A jornada de Ethan pelo universo, repleto de mistérios e segredos, estava apenas começando. Ele estava determinado a explorar os enigmas cósmicos que o instigavam, buscando respostas que poderiam transformar sua compreensão do mundo e de si mesmo. Percebendo a curiosidade intensa de Ethan sobre os sistemas da Zona Eletromagnética, o mestre decidiu instruí-lo mais profundamente, ressaltando que cada novo sistema seguia a mesma estrutura do sistema principal, mas com nuances distintas.

Enquanto Ethan se aprofundava nesses estudos, começou a perceber uma série de padrões emergindo. No meio do trajeto, ele identificou um ponto central, um âmago característico do segundo sistema. Surpreendentemente, esse padrão se repetia no terceiro sistema, que girava na mesma direção do primeiro. Ele percebeu que cada sistema representava exatamente a zona do sistema da partícula, acompanhando a linha de interação principal da Zona Eletromagnética, formada por três sistemas. Assim, constatou-se que cada uma dessas zonas estava localizada na polaridade para onde se dirigia a linha de interação, iniciando pelo positivo dentro da zona positiva, o sistema negativo de polaridade invertida dentro da zona negativa, e o último sistema encontrando-se novamente na zona positiva.

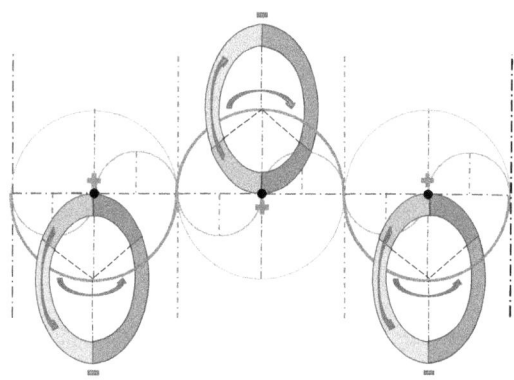

Com o intuito de entender as interações decorrentes do movimento da partícula na zona acústica, Ethan dispôs os sistemas meticulosamente em suas respectivas posições.

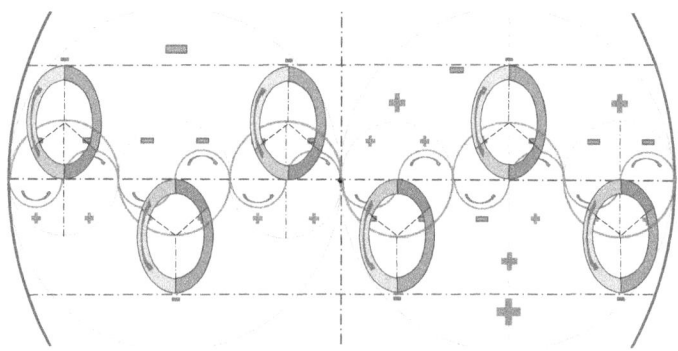

Dessa forma, foi possível compreender como cada um desses sistemas se relacionava com os outros enquanto a partícula se movimenta durante o seu percurso, formando uma espiral a partir dos sistemas encontrados. A parte interessante é que podemos perceber que a zona positiva decorrente dessas interações se encontra no centro.

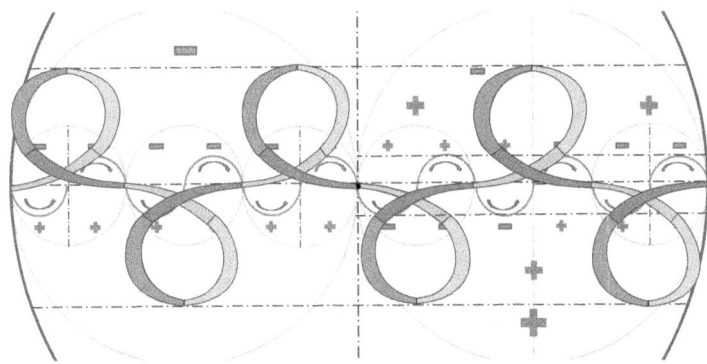

Prestando atenção à configuração encontrada, Ethan percebeu que na zona eletromagnética aparecia uma zona de interações do sistema eletromagnético, representando 1/3 da amplitude do sistema.

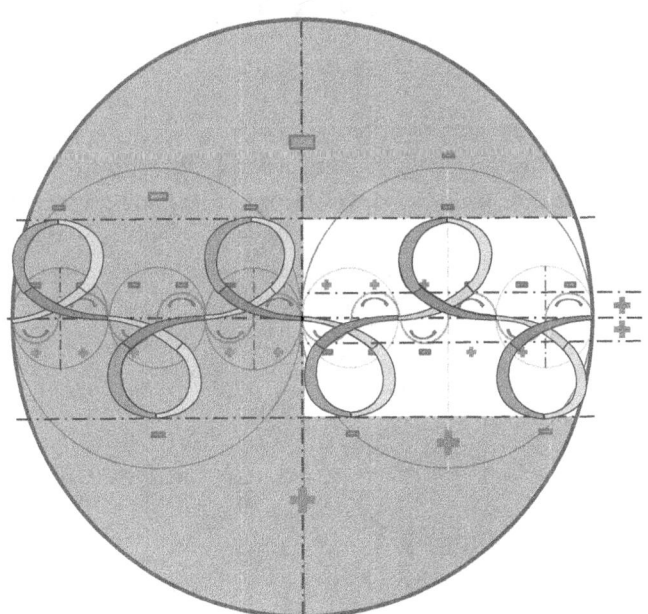

Da mesma maneira, observando as zonas de polaridade decorrentes do sistema de força eletromagnética, evidenciou-se uma zona positiva no centro, com zonas negativas na parte superior e inferior.

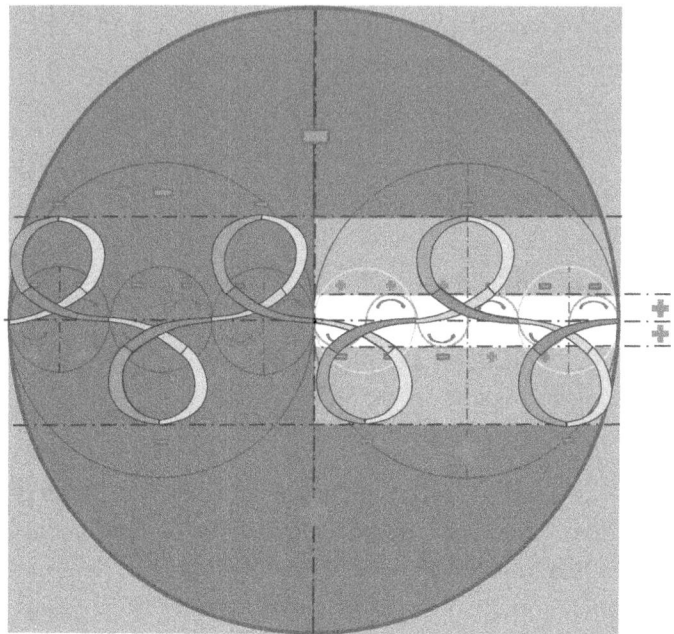

Contudo, uma diferença vital distinguia essa configuração: contrariamente ao sistema principal, essa estrutura carecia de matéria. Em seu lugar, uma concentração intensa de carga positiva sobressaía ao longo da linha do tempo, assemelhando-se a um pixel luminoso. O restante do sistema permanecia invisível. Essa observação levou a uma conclusão verdadeiramente intrigante: a luz consistia em uma sequência periódica desse sistema. Assim, Ethan inferiu que a luz piscava, e possivelmente todo o universo também piscava. No entanto, essa cintilação ocorria em uma velocidade excepcionalmente rápida, para além da percepção humana.

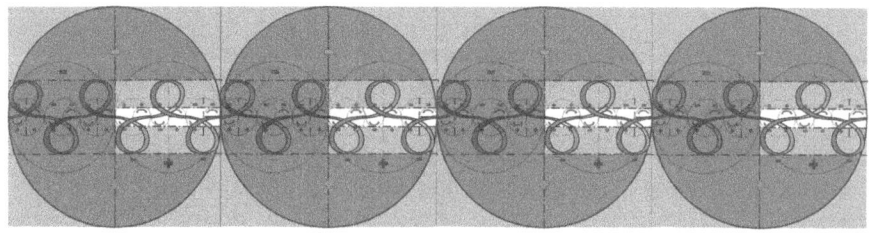

O rosto do mestre iluminou-se com um sorriso de aprovação ao perceber o brilho nos olhos de Ethan, indicando um significativo progresso em sua compreensão dos sistemas da Zona Eletromagnética. Com entusiasmo, o mestre encorajou Ethan a aplicar esse novo conhecimento em sua próxima descoberta. Embalado por um renovado senso de empolgação e determinação, Ethan lançou-se em sua busca pela teia cósmica, ansiando por desvendar mais segredos e adentrar ainda mais profundamente no vasto oceano do conhecimento do universo. Em sua jornada, ele estava resoluto a explorar as intrincadas conexões

realidade circundante. Ethan compreendia que cada nova revelação o aproximava ainda mais da compreensão profunda dos enigmas cósmicos, conduzindo-o a aventuras novas e emocionantes na incansável busca pelo conhecimento.

Uma informação adicional que este sistema revela é que a zona negativa corresponde a 66,66% da totalidade do sistema, enquanto a zona positiva representa os restantes 33,33%, ambos ligados à Força Eletromagnética.

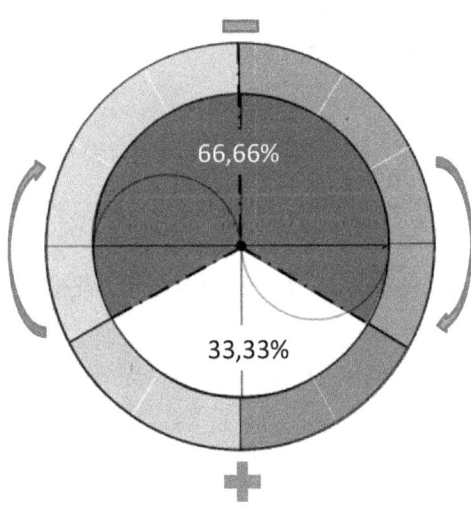

Conclusão

As novas descobertas de Ethan o levaram a um entendimento mais profundo e abrangente do universo. Ao aplicar seu conhecimento a diferentes áreas, ele começou a perceber como as mesmas leis físicas que regem o movimento das partículas também influenciam o comportamento humano e outros fenômenos naturais. Essa percepção ampliou seu horizonte e reforçou sua crença na interconexão de tudo que existe. Com um renovado senso de propósito, ele continuou sua jornada, pronto para enfrentar novos desafios e desvendar mais segredos do cosmos.

Resumo dos Pontos Principais

No primeiro capítulo, acompanhamos Ethan na descoberta de um livro misterioso que revela um sistema oculto governando o universo. Ele explora os princípios fundamentais da física, como forças de atração e repulsão, equilíbrio e interações das partículas. Ethan percebe que essas interações se aplicam ao cosmos e ao comportamento humano, revelando uma teia complexa de conexões que moldam a realidade que conhecemos. Sua jornada é uma busca incessante por conhecimento, que o leva a descobrir a universalidade das leis naturais e a aplicabilidade desses princípios em diversas escalas.

Pontos-chave:

A Unidade do Átomo: Exploração do átomo como unidade fundamental da matéria.

O Equilíbrio das Partículas: Compreensão do equilíbrio entre forças de atração e repulsão.

Interações Visíveis e Invisíveis: Explicação das forças visíveis e invisíveis.

Vibração Universal: Entendimento da frequência vibracional e sua relação com o tempo.

Ação e Reação: Aplicação da Terceira Lei de Newton.

Glossário de Termos Técnicos:

Átomo: Unidade fundamental da matéria, composta por um núcleo central e elétrons orbitando ao redor.

Frequência Vibracional: Taxa na qual uma partícula completa um ciclo de movimento.

Força Eletromagnética: Força fundamental responsável por interações entre partículas carregadas eletricamente.

Força Gravitacional: Atração que objetos exercem uns sobre os outros devido à sua massa.

Lei da Ação e Reação: Terceira lei de Newton que afirma que para cada ação há uma reação igual e oposta.

Tipologia de Jung: Uma classificação das personalidades humanas baseada em preferências psicológicas, identificando 16 tipos segundo as atitudes (extroversão/introversão) e as funções (pensamento, sentimento, sensação, intuição).

Conclusão do Capítulo 1

Ethan demonstrou que os princípios que governam o comportamento das partículas subatômicas podem ser aplicados para entender fenômenos em escalas muito maiores, incluindo o comportamento humano e a estrutura do universo. A compreensão dessas conexões oferece uma nova perspectiva sobre a universalidade das leis naturais e abre caminho para futuras descobertas em várias áreas do conhecimento.

Capítulo 2

A Teia Cósmica

*"A compreensão das interações fundamentais é crucial
para desvendar os mistérios do universo.
A ciência nos permite decifrar suas leis
e explorar suas maravilhas."*

— Richard Feynman

Prêmio Nobel de Física (1965)

Embarque em uma jornada emocionante pela Orquestração Cósmica, onde revelaremos como essa teoria permeia cada estrato do universo, desde a dimensão subatômica até a grandiosidade das galáxias. Nossa exploração minuciosa revelará como intricados padrões, leis naturais e sistemas complexos formam um sistema interconectado singular.

Guiado por um mestre sábio, Ethan começou a desvendar as nuances da energia eletromagnética. O foco recai sobre a zona visível dessa energia, pois é ali que nosso principal interesse se encontra. Tudo o que enxergamos se alinha nessa esfera, que é uma janela para o mundo cósmico.

Por trás do véu de visibilidade e invisibilidade, surge uma dualidade de frequências. A faixa acústica, uma das revelações mais fascinantes, divide-se em três janelas de frequência, determinadas pela velocidade vibratória. A faixa se inicia com os infrassons, ondas graves imperceptíveis ao ouvido humano. Conforme a frequência aumenta, emergem os sons audíveis, abrangendo desde tons graves até agudos nítidos. A terceira janela, reservada aos ultrassons, dissolve-se em uma luminosidade sutil. A faixa acústica invisível traz à luz duas condições distintas: os inaudíveis infrassons lentos e os ultrassons velozes, amalgamando-se com a faixa audível de frequências rápidas.

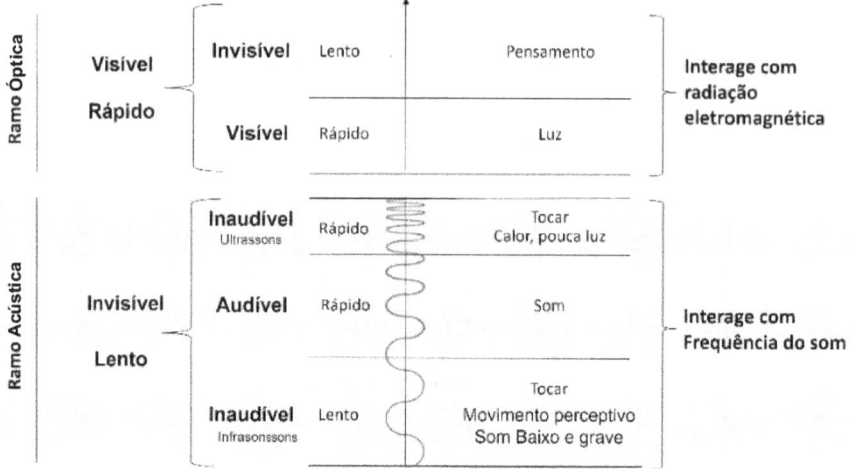

Movendo-se para o reino óptico, deparamo-nos com duas faixas distintas. A primeira é uma faixa de luz visível e veloz; a segunda, uma faixa invisível e serena, comparável àquela que permeia nossos pensamentos. Essa dualidade culmina em um novo sistema, onde som e luz, em suas diversas velocidades, entrelaçam-se em uma sinfonia cósmica.

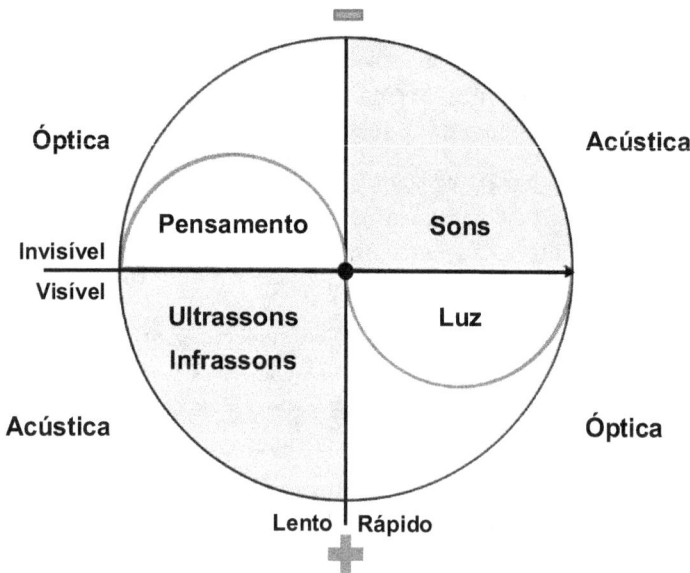

Agora, exploramos as complexas interações das frequências acústicas e ópticas. Na sequência periódica da zona visível, encontramos um sistema invertido.

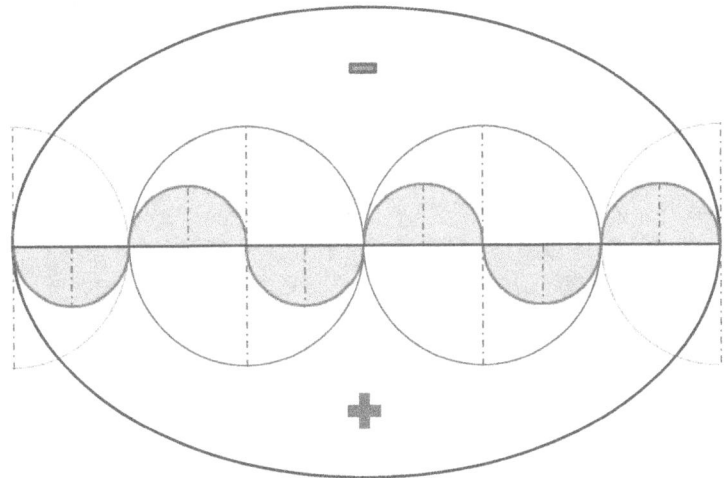

Uma chave para sua análise reside em inverter a polaridade compatível com o sistema principal da zona eletromagnética. Somente assim, as complexas interações decorrentes da passagem da partícula em cada zona podem ser desvendadas.

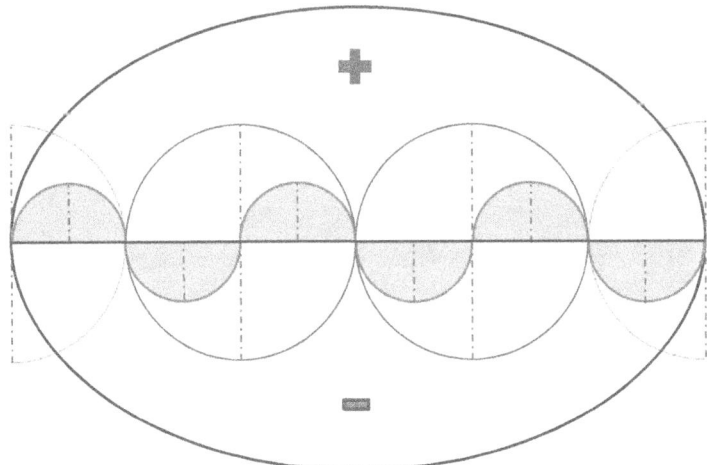

O livro nos convida a observar as interações que ecoam na Terra, usando latitudes e longitudes como guias. As longitudes delineiam os sete intervalos do nosso sistema, enquanto as latitudes demarcam os doze intervalos temporais do sistema.

1. O Som

O próximo passo é ajustar meticulosamente nossa frequência ao seu devido lugar, seguindo precisamente a mesma configuração e usando o Equador como nossa principal referência. As demais longitudes entram em jogo, permitindo uma visualização mais abrangente das possíveis interações, inclusive a formação dos continentes e dos oceanos. O desfecho desse processo nos conduz a uma série de sequências periódicas interligadas aos infrassons. A figura subsequente ilustra de maneira eloquente como essas sequências se originam do sistema do som, em sincronia com o próprio sistema da Terra.

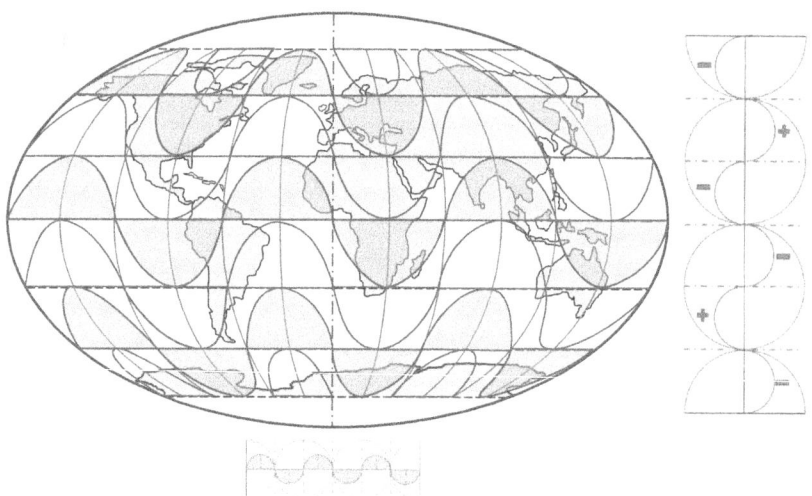

Uma vez posicionadas todas as sequências, podemos então analisar as zonas delimitadas para entender quais tipos de interações vamos encontrar em cada uma dessas zonas. Desde o início, consideramos que existe um único sistema e que todos os sistemas são análogos. Portanto, é impossível imaginar compreender os tipos de interações que ocorrem ao nível subatômico sem utilizar as informações encontradas no sistema Terra. Dessa maneira, podemos considerar que esse resultado encontrado pode ser utilizado para qualquer tipo de outros sistemas no universo.

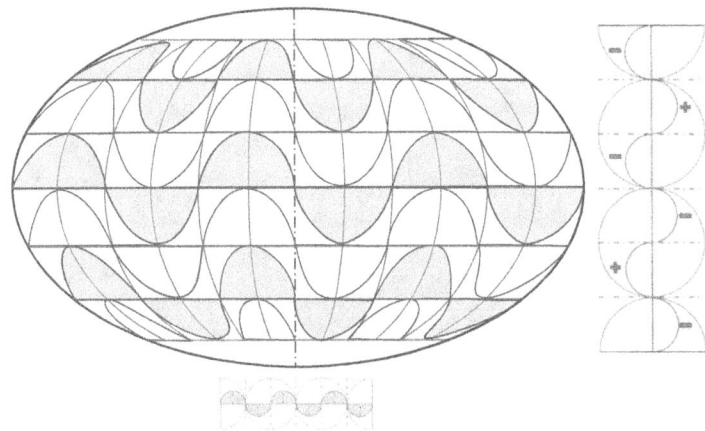

2. Os Infrassom

Da mesma maneira que o som, porém, desta vez utilizaremos a linha de interação decorrente do próprio sistema da partícula. Cada zona demarcada no mapa se revela como um sistema distinto, oferecendo aos especialistas em Geografia e Oceanografia uma perspectiva clara sobre os tipos de interações que ocorrem em cada área. Dessa forma, é possível desvendar o funcionamento das interações dentro do nosso sistema, alinhando-as às suas localizações específicas em cada zona geográfica.

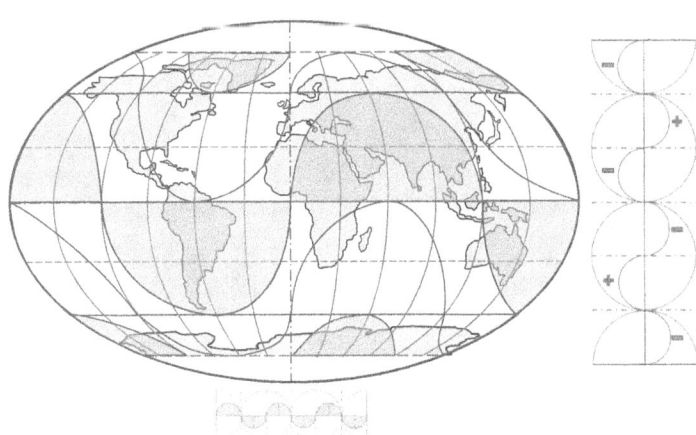

Seguindo o mesmo raciocínio do som, podemos vislumbrar as interações dos infrassons em um nível subatômico.

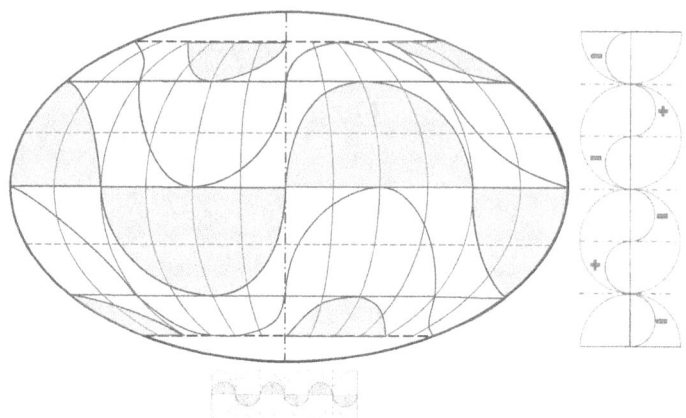

3. **Os Ultrassons**.

Essa sequência é repetida para os ultrassons, mas agora as latitudes se tornam nossa referência. O início se dá no Polo Sul, com frequências mais lentas, avançando gradualmente em direção ao Polo Norte, onde as frequências se tornam mais altas. Mesmo quando examinamos a frequência periódica, essa dinâmica persiste.

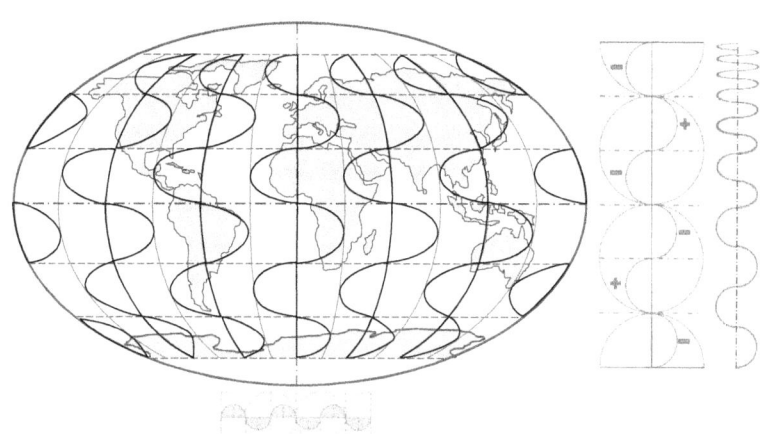

A partir dessas informações, Ethan fez uma descoberta reveladora. Ao prestar atenção minuciosa à geografia da Ásia, percebeu que seu contorno geográfico segue precisamente o percurso de uma dessas frequências. Outras áreas também revelam essa correlação, como o posicionamento da América Central e as características das costas do Alasca.

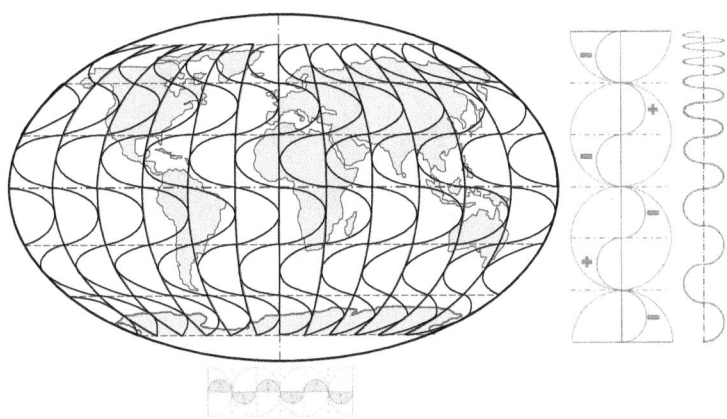

Essas observações ilustram de forma notável como as interações se desenrolam, formando uma conexão profunda entre os fenômenos geográficos e as características das frequências ultrassônicas.

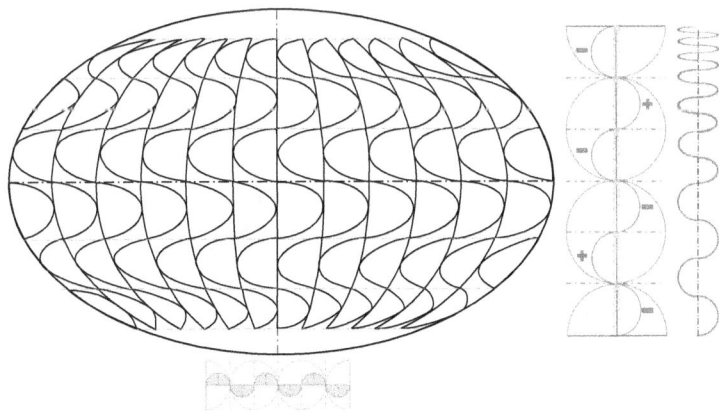

4. O portal

O Oceano Índico emerge como um portal intrigante, cuja geometria triangular desafia a norma. Enquanto outros oceanos se apresentam com sequências de sete ondas, esse oceano singular desfruta de três. Este portal nos conduz a uma zona de interações eletromagnéticas, onde o cosmos e a Terra tecem sua narrativa.

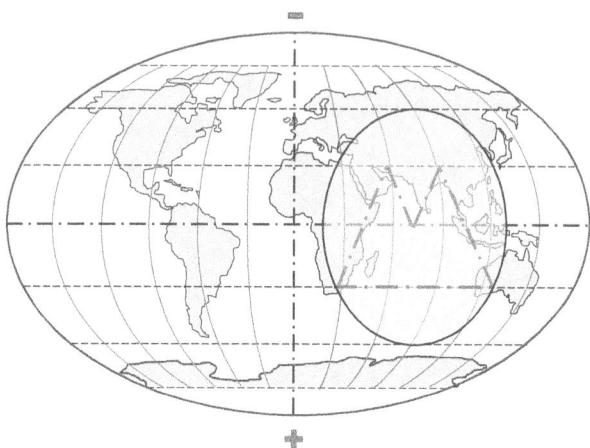

A descoberta dessa zona revela uma nova camada na teia cósmica, uma área de interação que impacta diretamente o nosso planeta. Ethan aprofunda sua exploração nessa região, mapeando interconexões que se entrelaçam com a geografia dos continentes. Especial atenção é dedicada ao Oceano Índico, onde essas linhas de interação se manifestam vividamente.

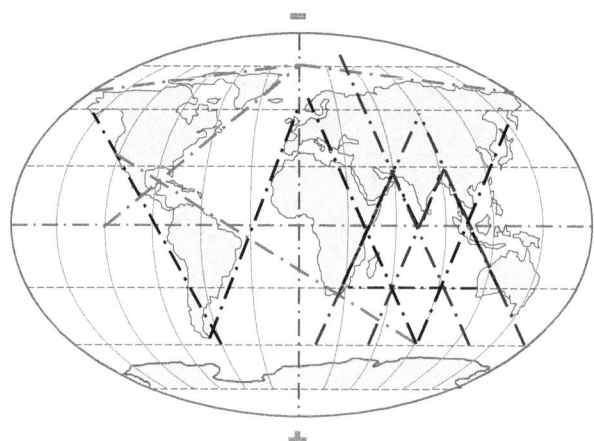

A configuração dessas linhas evoca o desenho que Ethan já havia vislumbrado, representando os três sistemas da Zona Eletromagnética vindo em nossa direção. A triangulação entre frequências rápidas e lentas dá origem a 24 triângulos.

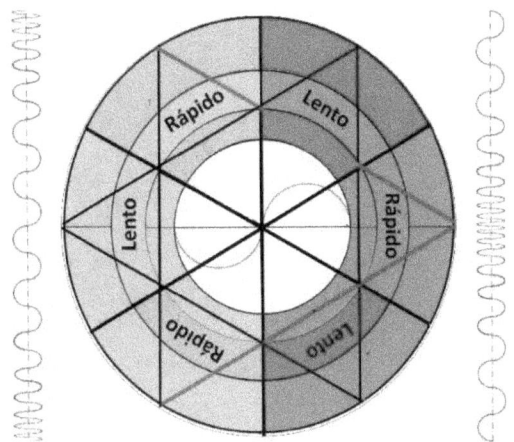

Com intuição refinada, Ethan encaixa esse sistema no Oceano Índico, elevando-o a uma orientação ascendente para alinhá-lo com a Terra. Essa descoberta ecoa as conclusões dos mestres da Geografia, corroborando a identificação da zona de interação.

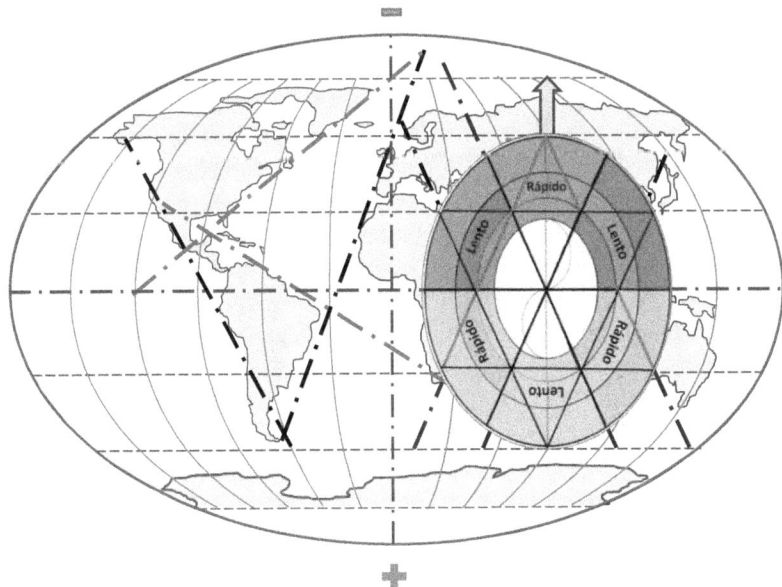

Essa revelação abre um novo entendimento: uma área específica da teia cósmica interage intrinsecamente com nosso mundo, moldando as interações em todas as quatro zonas do sistema.

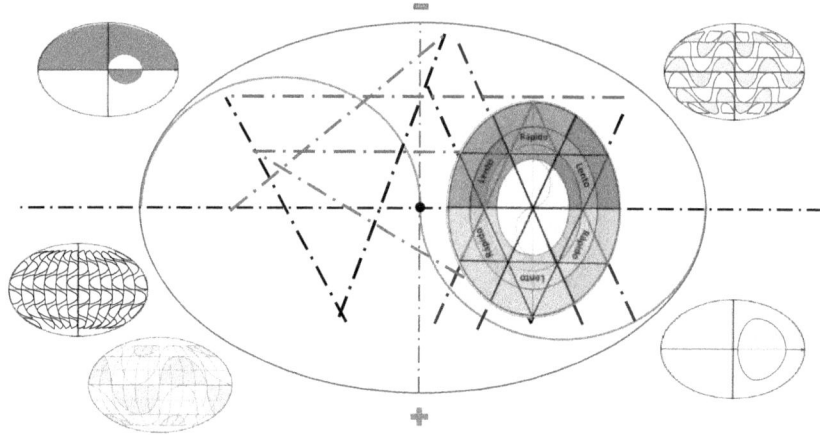

Ethan enfrenta, então, um novo capítulo de sua jornada, uma porta que revela os segredos da interação entre a energia eletromagnética e o sistema Terra. Cada fragmento da teia cósmica possui suas interações singulares, unindo-se ao universo através das leis da física. Com essa perspectiva, Ethan mergulha ainda mais no estudo da teia cósmica, em busca da sinfonia que harmoniza o universo. A jornada continua, com novas revelações à espreita.

"As interações cósmicas são como uma sinfonia universal,
onde cada elemento desempenha seu papel
e contribui para a harmonia do todo."

— Michio Kaku

A Sinfonia Cósmica

Imerso nas páginas do livro, Ethan envolvia-se em um universo fascinante, onde possibilidades infinitas se entrelaçavam. A ideia da orquestração cósmica o capturava como uma sinfonia celestial, despertando sua curiosidade insaciável e nutrindo sua busca por conhecimento. O livro revelava um intrincado sistema que regia as interações e eventos do universo, assemelhando-se a um disco de vinil que perpetuamente reproduz a mesma melodia. Cada ação desencadeava uma reação instantânea do sistema, delineando todos os desdobramentos até a conclusão. Não era uma simples gravação, mas a decorrência lógica das vibrações de nossa "partícula" ao longo do percurso. Essa característica reverberava em todos os sistemas, emanando da mesma "gravação" cósmica.

Visualize o sistema como um mapa que se revela conforme exploramos novos horizontes durante a jornada da partícula. Cada descoberta desvela um sistema em frequência periódica, uma harmoniosa sequência influenciada pelo comprimento de onda. Essa perspectiva sugere que os eventos recorrentes e os padrões observados ao longo do tempo — das mudanças climáticas aos comportamentos humanos — derivam das interações desse sistema cósmico. Essa compreensão provoca em Ethan um misto de intriga e fascínio pela existência de uma ordem subjacente a essas recorrências, evidenciando que o destino do universo é o maestro dessa sinfonia cósmica.

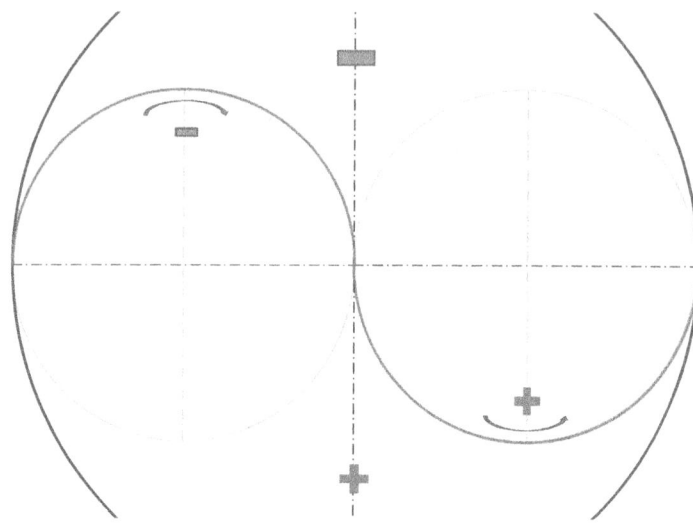

Considerando a trajetória completa da partícula, identificamos seis sistemas em frequência periódica, cada um representando distintas fases da jornada. São estágios caracterizados por frequências específicas e suas respectivas interações.

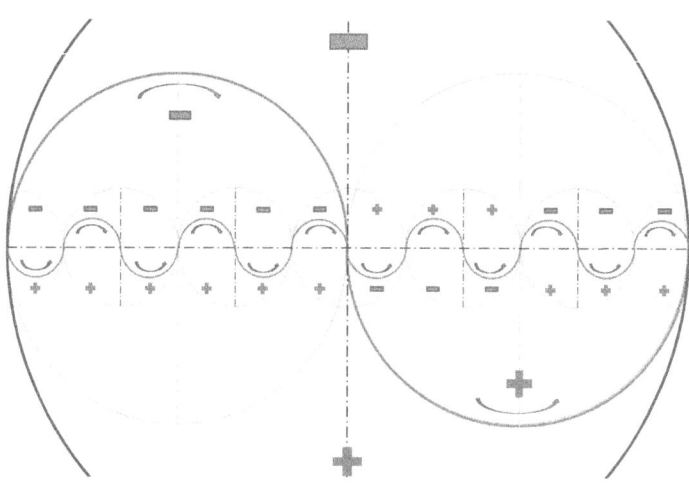

Visualize esses seis sistemas como etapas da jornada da partícula ao redor do núcleo, cada uma contribuindo para a grandiosa "sinfonia" cósmica. Por meio do estudo desses sistemas, desvendamos as interações que permeiam cada fase, aprimorando nossa compreensão dos padrões e resultados desses encontros.

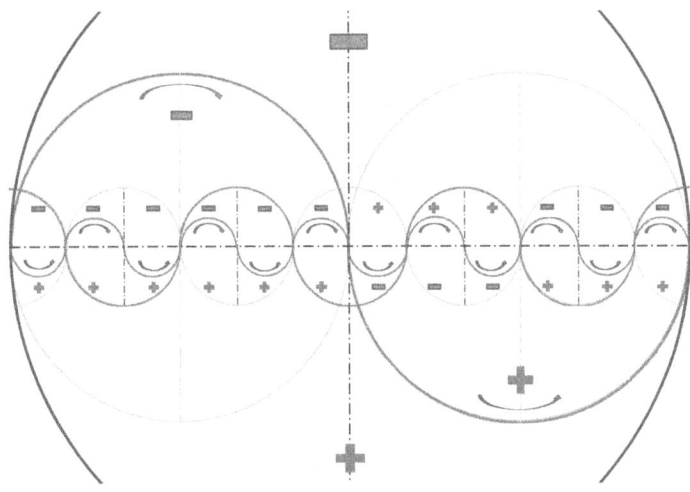

Vale ressaltar que, dentro do nosso sistema, há sistemas secundários. Cada um deles engloba duas interações adicionais, aprofundando a complexidade desse cosmos intrigante.

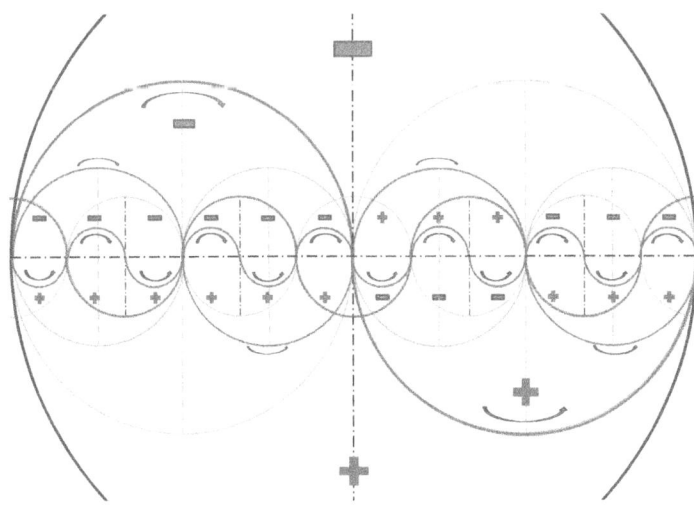

Como vimos anteriormente, na área eletromagnética, encontramos um sistema composto por três sistemas internos. Portanto, é essencial considerar essa característica, que faz surgir uma linha de interação resultante dessa configuração.

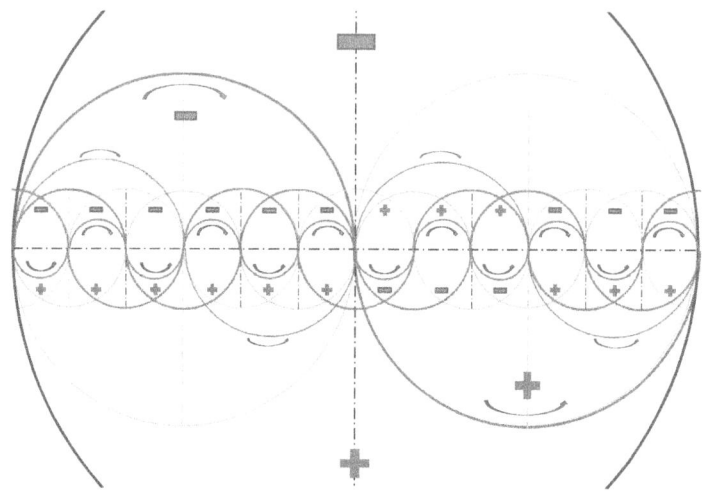

E como resultado, emerge um novo sistema central, flanqueado por um sistema em cada extremidade. Essa estrutura assemelha-se a uma dança cósmica, na qual a partícula percorre sua jornada com começo, meio e fim. Eis a aparição de três novos sistemas, sequenciados pela mesma lógica, cada qual com seus próprios sistemas secundários.

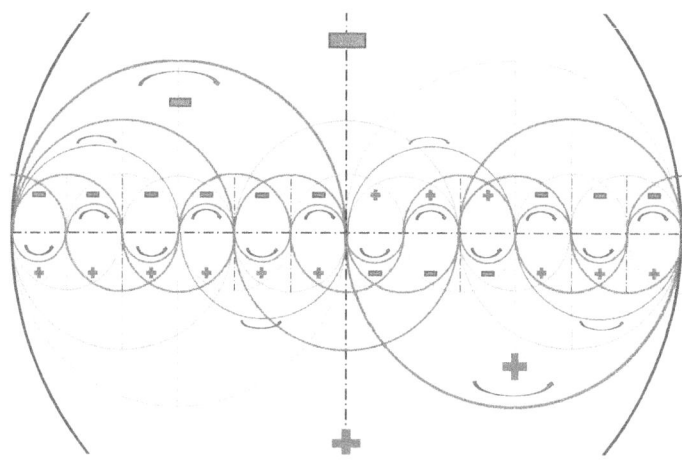

É verdadeiramente inspirador perceber que todas as interações que testemunhamos são consequências de uma única volta da partícula. Ao identificarmos essas interações, abrimos a porta para replicar essa sinfonia em outros sistemas — Terra, Sistema Terra-Sol, Sistema Solar e além. Com essa compreensão, vislumbramos a capacidade de influenciar conscientemente essas interações, moldando nosso destino em sintonia com o universo.

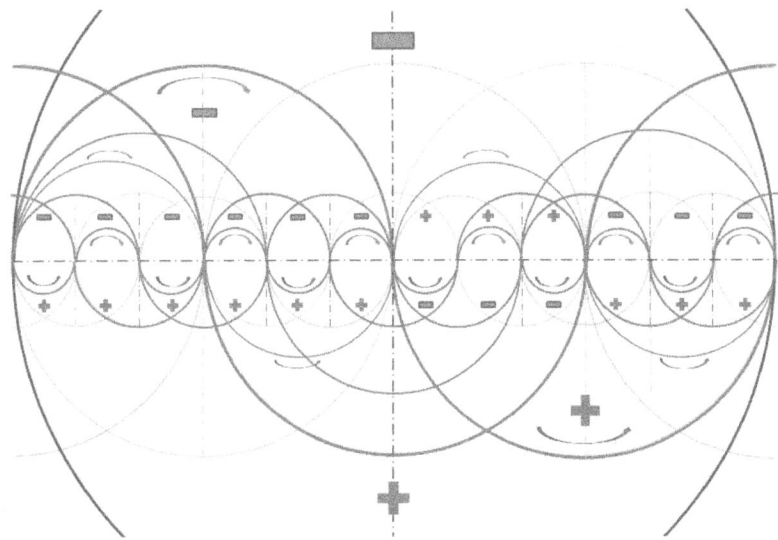

O livro, de antemão, nos adverte sobre as muitas outras abordagens que serão exploradas, insinuando que ainda há vastos territórios a serem desbravados nesse sistema cósmico. Essas novas perspectivas, sem dúvida, expandirão nossa compreensão das interações e suas aplicações em diversos âmbitos — do cósmico à evolução civilizacional e ao desenvolvimento pessoal.

Contemplando a sinfonia das interações, Ethan compreende que os sistemas representados são apenas metade do todo. Movido pela curiosidade, ele compartilha essa questão com seu mestre, que o instiga a explorar a propagação de nossa onda ou sistema. Essa investigação pode oferecer insights valiosos sobre a natureza incompleta desses sistemas representativos, iluminando o passado, o presente e o futuro no exato momento da observação.

As palavras de seus mestres ecoam na mente de Ethan, ressoando a ideia de que a evolução da civilização e o desenvolvimento pessoal seguem o mesmo processo cósmico. Tal constatação intensifica seu fascínio e entusiasmo, pois Ethan enxerga a grandiosidade em explorar, descobrir e revelar os segredos dessa magnífica sinfonia cósmica que permeia o universo.

Propagação

Ao explorarmos a propagação de nossa onda, naturalmente nos remetemos às ondas sonoras, que constituem a repetição de um sistema em uma frequência determinada pela nota musical. Esse fenômeno é aplicável a todo o espectro acústico.

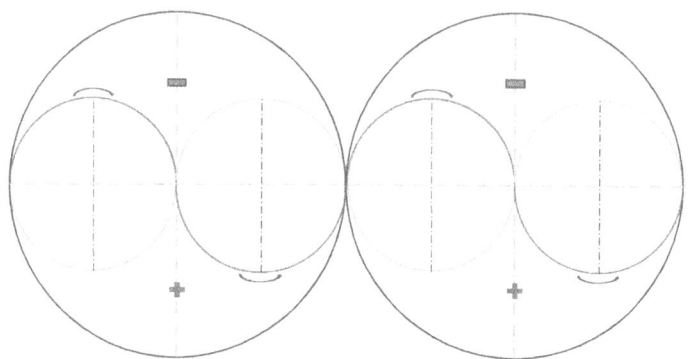

É interessante observar que, ao gravarmos cada sistema, podemos identificar que uma das frequências não continua no segundo sistema. Além disso, quando a onda e a frequência são idênticas, não há continuidade com o sistema anterior.

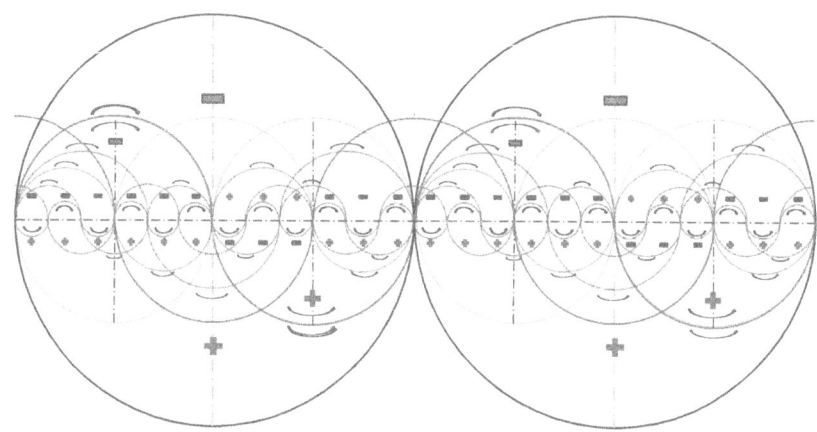

A primeira constatação é que, para garantir a continuidade dentro das linhas de interação, é necessário inverter a linha de interação eletromagnética no segundo sistema.

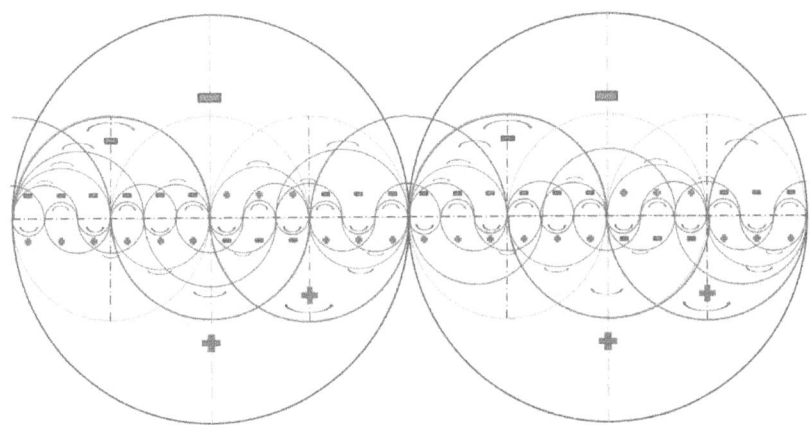

A compreensão de que a combinação desses dois sistemas resulta em um novo sistema nos leva a reconhecer que, para alcançar um sistema completo, é necessário intercalar o sistema negativo após inverter a polaridade da parte visível do sistema.

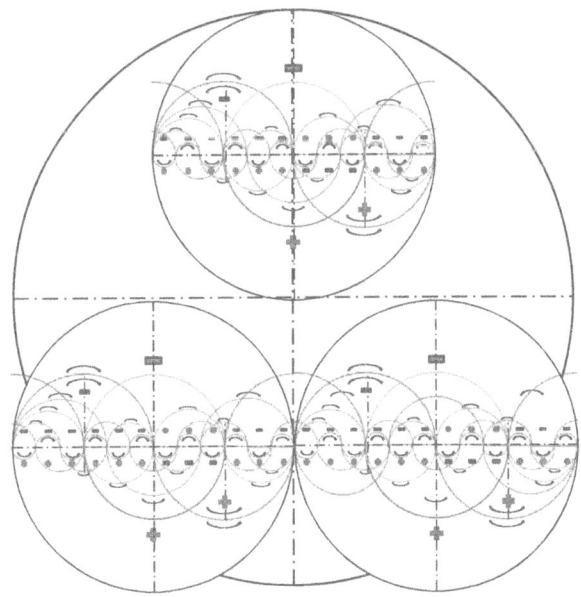

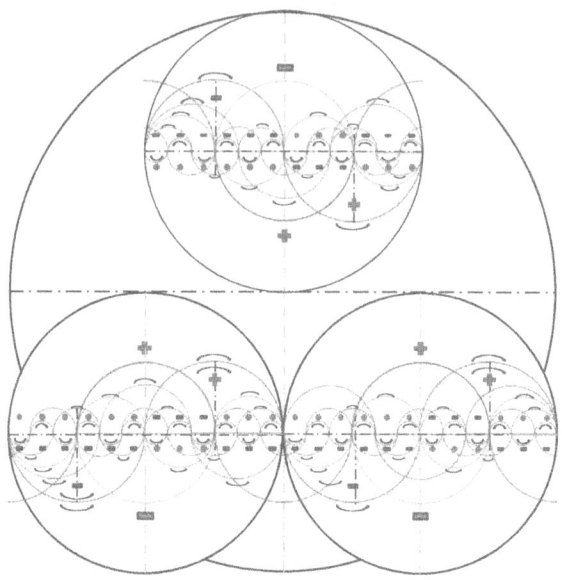

Dessa forma, emerge uma configuração distinta, composta por dois sistemas com polaridades alternadas e invertidas, nos quais podemos constatar a existência de uma inversão de polaridade da linha de interação eletromagnética do segundo sistema e a inversão da linha acústica do próprio link.

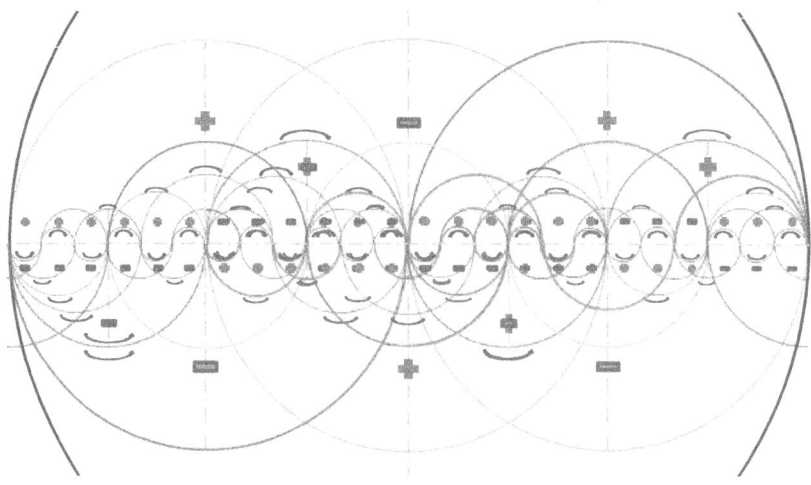

Sabendo que o sistema é formado por três sistemas, essa configuração nos leva a um cenário no qual a gravação completa do sistema é expressa em três sistemas invisíveis com inversão da polaridade do sistema central, além dos dois sistemas que acabamos de encontrar decorrentes do som.

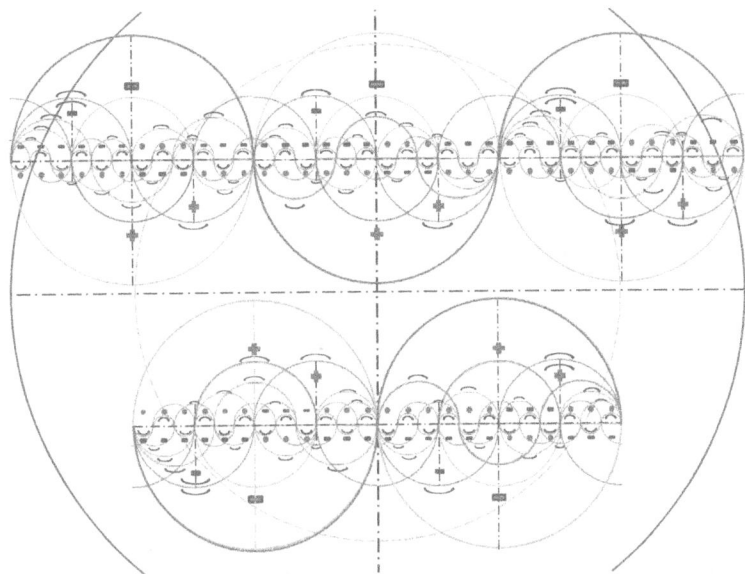

O resultado nos apresenta um sistema completo com suas linhas de interação, no qual podemos observar duas inversões de polaridade eletromagnética e duas inversões de polaridade acústica.

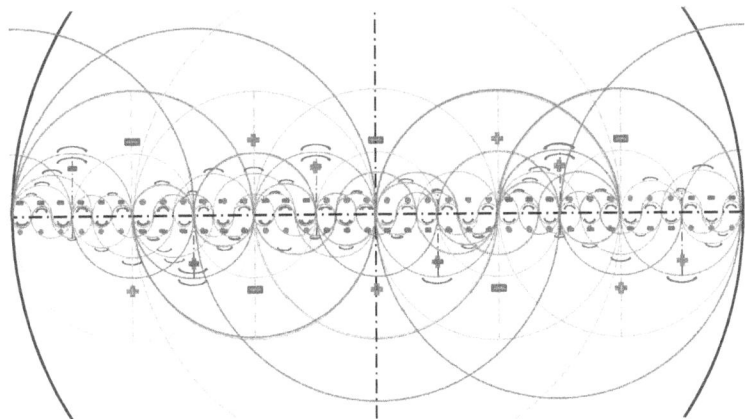

A Sinfonia Cósmica

Acabamos de montar o sistema completo do som, incluindo os infrassons e ultrassons, que compõem o sistema acústico. Como sabemos, o sistema completo é formado por uma parte acústica e uma parte eletromagnética.

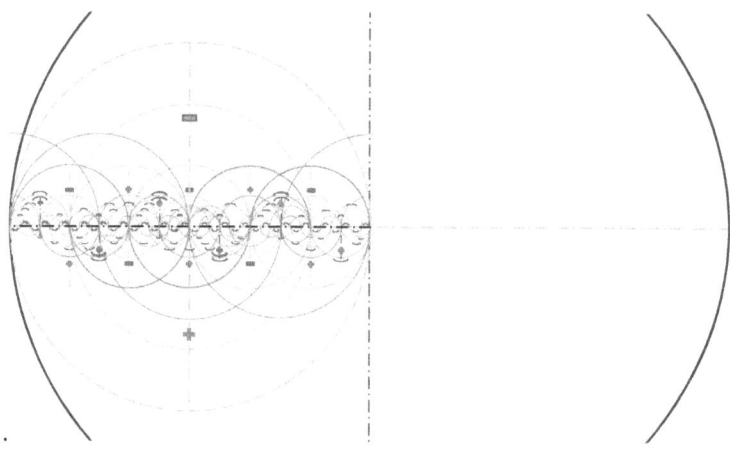

Portanto, para finalizar o percurso completo da partícula com todas as suas interações, será necessário replicar a sinfonia acústica. Da mesma maneira que vimos anteriormente, a linha de interação decorrente da zona eletromagnética precisa ser invertida para manter a continuidade entre as linhas de interação.

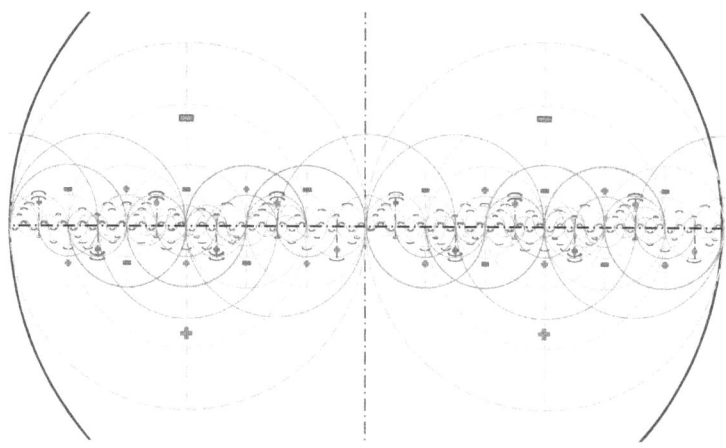

Sabendo que é necessário ligar essas duas sinfonias, será necessário inverter as polaridades para poder encaixar o link.

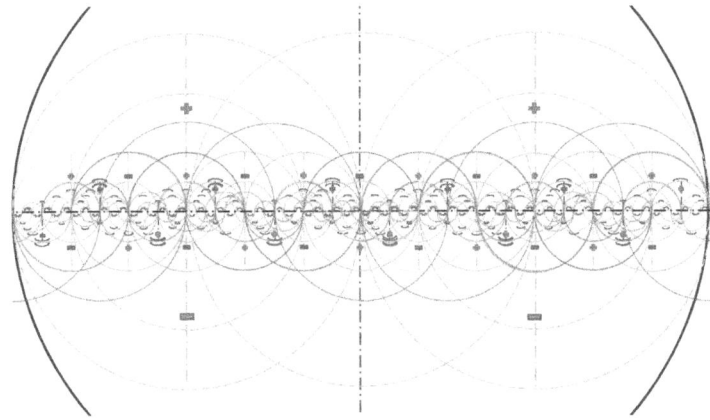

Nessa configuração, percebemos que o link não será um sistema secundário, mas sim o complemento desses sistemas que formam a sinfonia, indicando assim uma nova inversão dentro da zona eletromagnética e acústica.

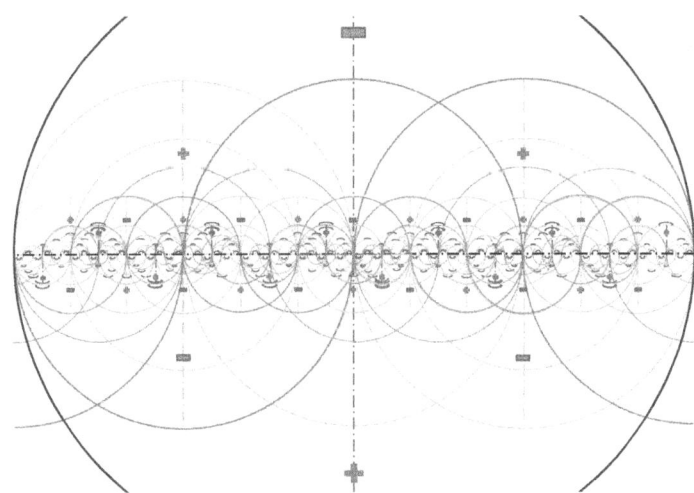

O resultado apresentará uma sinfonia com duas inversões eletromagnéticas e duas inversões acústicas na zona acústica, além de três inversões eletromagnéticas e três inversões acústicas na zona eletromagnética.

A Rede Cósmica

Uma característica surpreendente emerge, evocando as linhas intricadas encontradas no mapa terrestre. Ao unir as polaridades dos cinco sistemas acústicos, surge diante de Ethan uma configuração de 16 triângulos.

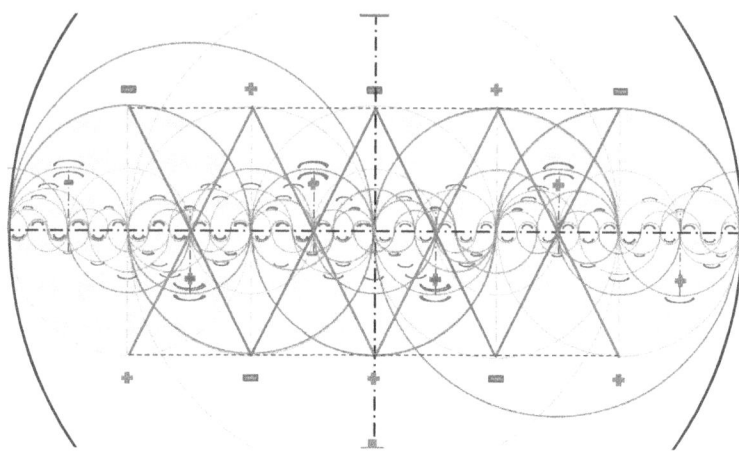

Com seu gabarito como guia, Ethan se depara com uma descoberta fascinante: essa configuração se assemelha ao que ele já havia identificado na região da Força Eletromagnética. Essas linhas interagem com o sistema e se entrelaçam com as formas geográficas da Terra.

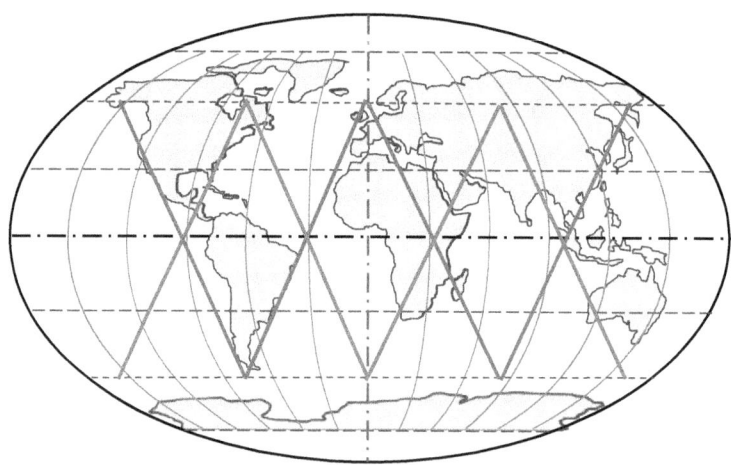

Ao posicionar seu segundo gabarito, Ethan percebe que tudo se encaixa harmoniosamente.

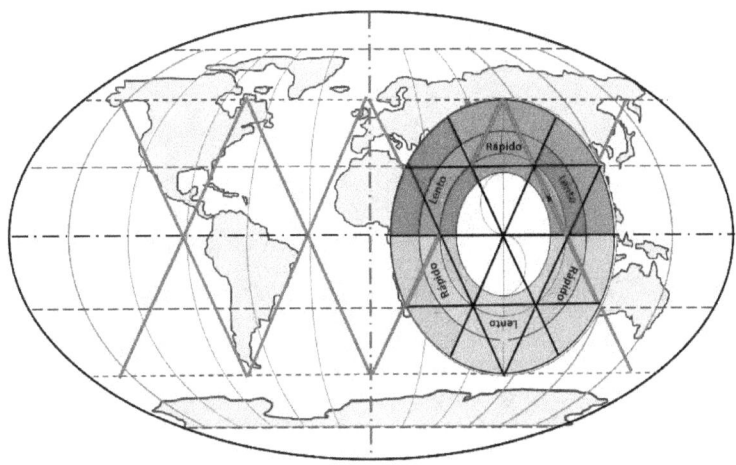

Esse momento desperta sua curiosidade, sugerindo a existência de mais possibilidades a serem exploradas. Pacientemente, após várias tentativas, uma configuração inesperada e fascinante se revela, expandindo ainda mais a teia de descobertas.

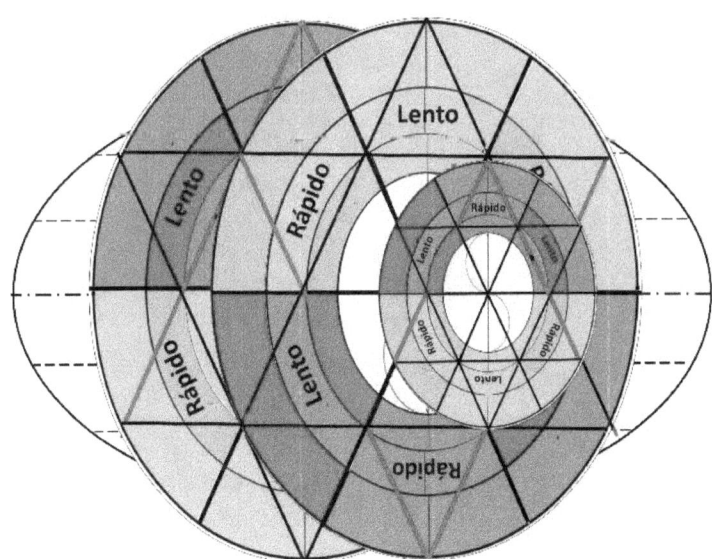

O resultado ilustra os sistemas da Força Eletromagnética repetidos três vezes. Ao sobrepor esses três sistemas, a perfeita congruência de todas as linhas de amarração se destaca. Uma pergunta aguarda ansiosamente por uma resposta: como esses três sistemas influenciarão nosso planeta e, consequentemente, o universo como um todo?

Ethan mergulha na separação das linhas identificadas, buscando compreender a mecânica subjacente.

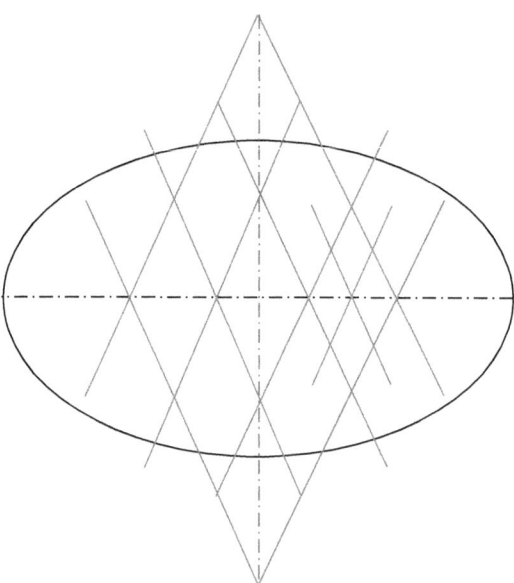

Logo, percebe que se trata de dois triângulos principais e opostos. Ao unir as extremidades do sistema com esses triângulos, surge diante dele uma configuração em forma de quadrado.

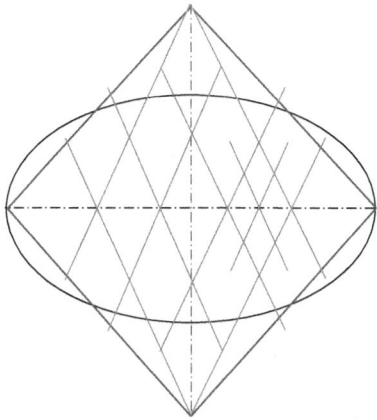

Essa percepção surpreende Ethan, pois há meses ele vinha explorando curvas e sequências de transição, quando uma configuração quadrada, composta por linhas retas, se manifestou. Ele compreende que essa nova representação também é uma parte crucial das configurações a serem consideradas ao observar um sistema.

Com uma abordagem semelhante ao início de sua pesquisa, Ethan cruza os gabaritos com essa rede de linhas. Primeiro, identifica os tipos de linhas na zona correspondente à interação da Força Eletromagnética e à sua zona negativa correspondente.

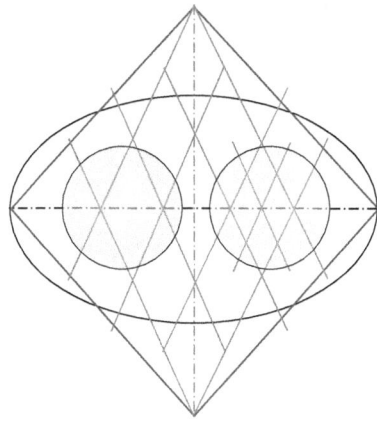

O próximo passo é posicionar o novo gabarito sobre o sistema da Força Eletromagnética identificado anteriormente. A sobreposição revela a configuração das linhas no sistema principal da Força Eletromagnética. Ao focar na parte visível do sistema, Ethan percebe que o resultado pode ser sobreposto a sistemas tangíveis.

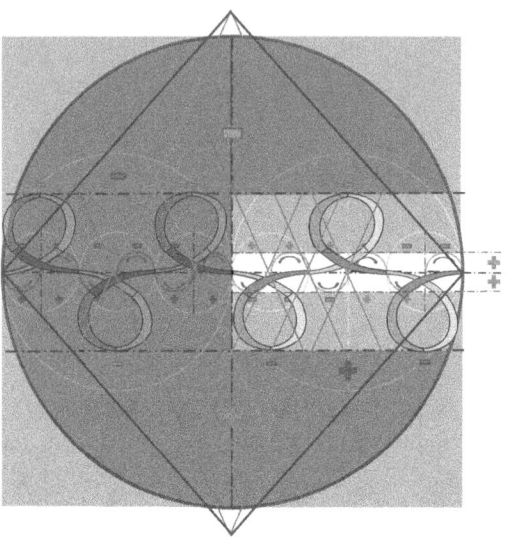

A interação entre esses dois sistemas estabelece homogeneidade na distribuição das linhas no sistema.

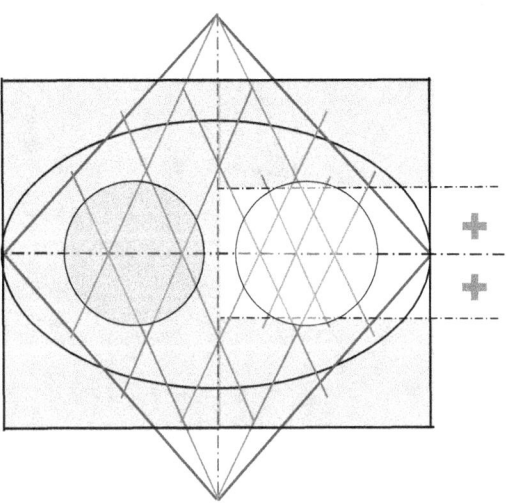

Ao repetir o processo com o resultado do gabarito da sinfonia decorrente da propagação da onda, surge uma nova configuração.

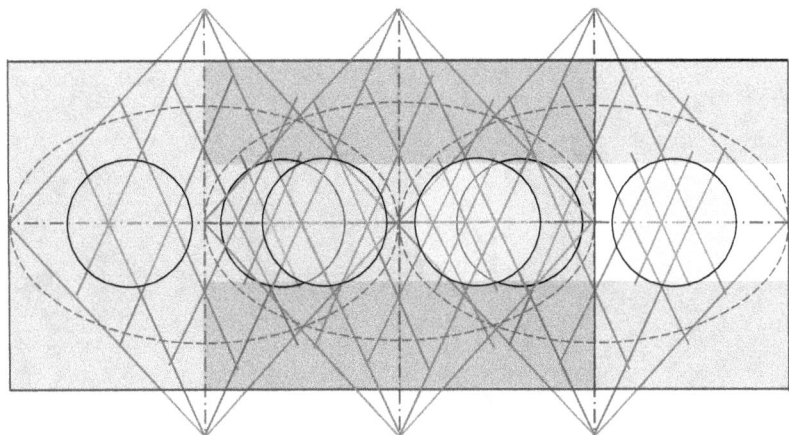

Observando essa configuração, constatamos a existência da zona eletromagnética, mesmo sendo um sistema invisível. Essa configuração representa o sistema acústico, iniciando nos infrassons invisíveis, passando pelo som grave e agudo, até alcançar a última zona ligada aos ultrassons. A presença da zona eletromagnética no fenômeno acústico atravessa duas zonas opostas.

Ao sobrepor o gabarito das linhas de interação relacionadas à Força Eletromagnética, ele nota que, em ambos os lados, sobra meio sistema. Ele deduz que esses meios sistemas devem estar correlacionados com as interações acústicas.

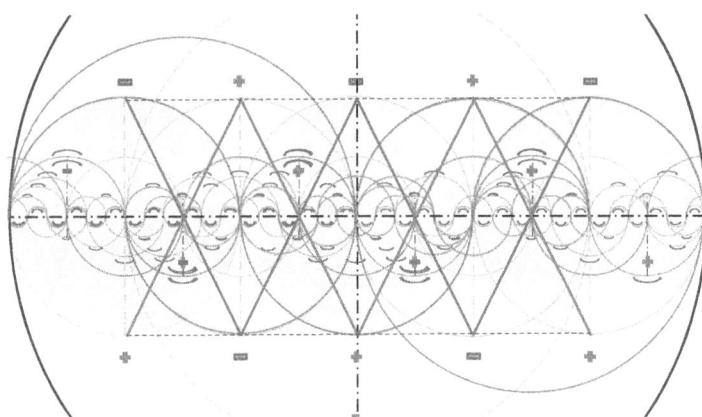

Compreendendo que a área acústica é composta por dois sistemas subsequentes, resta apenas adicionar o sistema invertido que conecta as linhas de amarração.

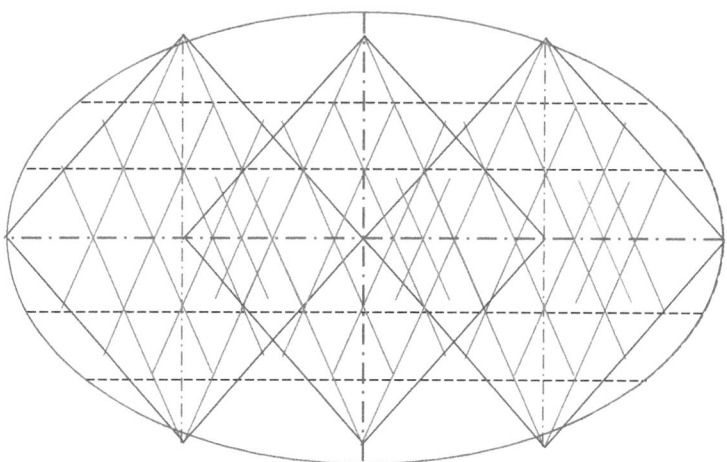

Nesse ponto, ele precisa entender como encaixar esse sistema auditivo no sistema da Força Eletromagnética. Diferentemente do sistema visível, esse novo sistema, vinculado à transmissão de frequência, deve se situar na esfera invisível.

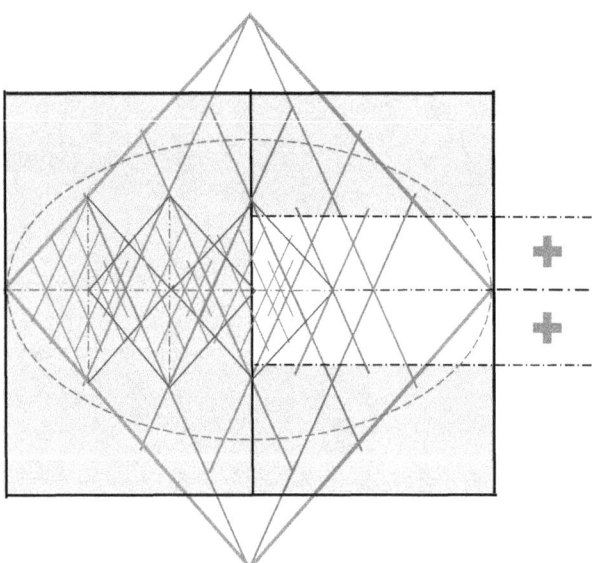

Após várias tentativas, um único resultado emerge, mas é o oposto completo do anterior, deixando Ethan perplexo. Uma sensação de ter adentrado uma dimensão oculta, entrelaçada nas profundezas do movimento da partícula, o envolve. Ele compreende que é hora de aprofundar ainda mais. Desde o início, suas descobertas ocorrem de maneira semelhante: uma revelação seguida de mais perguntas. Ele tem certeza de que, no âmago dessa busca incessante, a resposta virá no momento certo. É como se, ao questionar o universo, este traçasse o caminho para a resposta.

Afinal, trinta anos se passaram desde que ele começou a fazer a mesma pergunta: "por quê?", e trinta anos em que, em algum momento, a resposta surgiu. Diante de questões desconhecidas, é o próprio universo que nos conduz à verdade que ansiamos descobrir.

A pesquisa de Ethan não estaria completa se ele não tentasse posicionar esse novo gabarito sobre o mapa terrestre, já que as interações encontradas apontavam uma origem acústica.

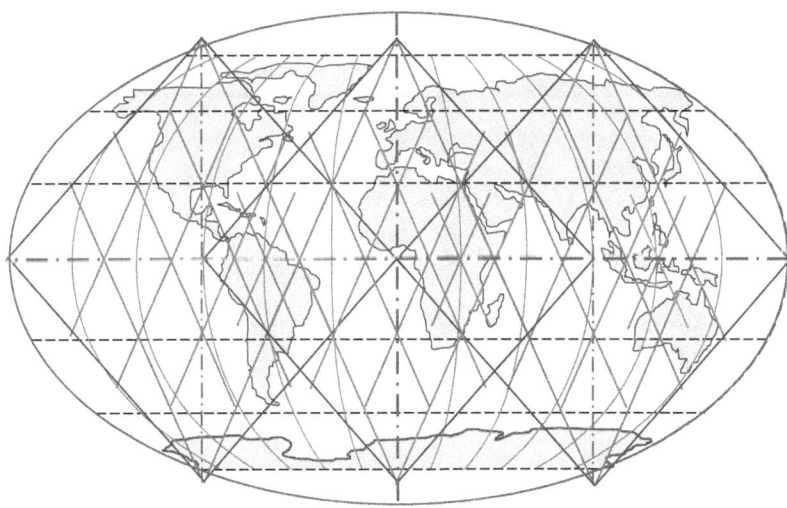

Partindo do princípio de que esse sistema poderia ser considerado visível, ele estaria localizado na zona eletromagnética do sistema principal, por ser a única zona com a qual interagimos.

O resultado aponta para uma interação entre as linhas de amarração do sistema e as linhas de amarração do sistema Terra, sugerindo uma zona semelhante à zona eletromagnética encontrada anteriormente.

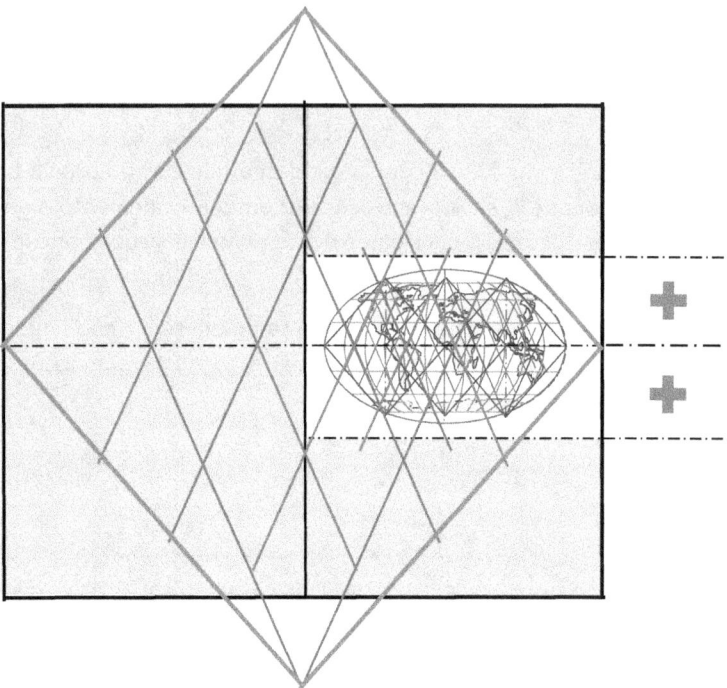

A contemplação do resultado enche Ethan de admiração. Desde o início, ele havia estabelecido que sua pesquisa só faria sentido se tudo o que descobrisse pudesse ser verificado a partir das informações conhecidas e estivesse de acordo com todas as outras características identificadas. Essa descoberta o estimula ainda mais a aprofundar-se no ciclo que ele havia iniciado ao observar o movimento de um elétron.

Resumo dos Pontos Principais

No segundo capítulo, aprofundamos nossa compreensão sobre a Orquestração Cósmica, explorando como a teoria de Ethan se manifesta desde a dimensão subatômica até as vastas galáxias. Examinamos a complexidade dos sistemas acústicos e eletromagnéticos, desvendando suas interações e influências no universo.

1. **A Jornada de Ethan:** Guiado por um mestre sábio, Ethan desbrava as nuances da energia eletromagnética e da faixa acústica, explorando suas interações visíveis e invisíveis.

2. **Faixa Acústica:** A divisão da faixa acústica em infrassons, sons audíveis e ultrassons, e suas implicações no universo.

3. **Sistemas Interconectados:** A revelação de que eventos recorrentes e padrões observados ao longo do tempo derivam das interações desse sistema cósmico.

4. **Propagação da Onda:** A importância da propagação das ondas sonoras e sua aplicação em todo o espectro acústico.

5. **A Rede Cósmica:** A descoberta da configuração de 24 triângulos e sua interação com o sistema da Força Eletromagnética, sugerindo uma conexão profunda com a Terra.

Pontos-Chave

1. **Energia Eletromagnética:** Exploramos as zonas visíveis e invisíveis dessa energia, suas frequências e interações.

2. **Faixa Acústica:** Identificamos três janelas de frequência (infrassons, sons audíveis e ultrassons) e suas implicações.

3. **Propagação da Onda:** Entendemos a repetição de sistemas em frequências determinadas e suas continuidades.

4. **Interações Cósmicas:** Examinamos como as interações acústicas e eletromagnéticas formam uma rede complexa e interconectada.

5. **A Rede Cósmica:** Descobrimos a configuração de triângulos e sua relação com as formas geográficas da Terra, aprofundando a compreensão das interações cósmicas.

Glossário de Termos Técnicos

- **Energia Eletromagnética:** Energia que se propaga através do espaço como ondas eletromagnéticas, incluindo luz visível, infravermelho, ultravioleta e outras.

- **Faixa Acústica:** Intervalo de frequências sonoras que inclui infrassons, sons audíveis e ultrassons.

- Infrassons: Ondas sonoras de frequência inferior ao limite audível humano (<20 Hz).

- **Ultrassons:** Ondas sonoras de frequência superior ao limite audível humano (>20 kHz).

- **Propagação da Onda:** A disseminação de ondas sonoras ou eletromagnéticas através de um meio.

- **Sistema Acústico:** Sistema que abrange as interações de diferentes frequências sonoras no universo.

- **Sistema Eletromagnético:** Sistema que abrange as interações de diferentes frequências eletromagnéticas no universo.

- **Triângulos Cósmicos:** Configuração geométrica resultante da interação das polaridades dos sistemas acústicos.

Conclusão do Capítulo 2

No segundo capítulo, avançamos significativamente na compreensão da Orquestração Cósmica, guiados pela curiosidade e descobertas de Ethan. A exploração das interações acústicas e eletromagnéticas nos permitiu vislumbrar um universo interconectado, onde cada frequência, som e luz contribuem para a sinfonia cósmica. A descoberta dos triângulos cósmicos e sua relação com a Terra revela uma teia de conexões que desafia nossas percepções tradicionais do cosmos.

A jornada de Ethan nos mostrou que o universo é uma rede de interações complexas e harmoniosas, onde cada sistema, seja acústico ou eletromagnético, desempenha um papel crucial. Ao entender essas interações, não apenas expandimos nosso conhecimento científico, mas também percebemos a profunda interconexão entre o microcosmo e o macrocosmo.

À medida que continuamos a explorar esses sistemas, novas portas se abrem, prometendo revelar ainda mais segredos do universo. A sinfonia cósmica é uma dança eterna de partículas e frequências, e estamos apenas começando a desvendar seus mistérios. Com cada descoberta, nos aproximamos mais da verdade fundamental que sustenta a realidade, impulsionando-nos a continuar nossa busca incansável por conhecimento.

Capítulo 3

A dança celestial

*"Quando tentamos pegar
uma única coisa na natureza,
descobrimos que ela está
ligada ao resto do mundo."*

— John Muir

Sistema de Tripla Inversões

Ethan está prestes a desvendar um ponto crucial em sua busca pelos mistérios cósmicos: entender como um sistema com força eletromagnética atua quando colocado no centro. Imagine desvendar o batimento cardíaco de uma melodia cósmica. Imagine que, em todo o vasto cosmos, ecoa uma melodia que direciona os movimentos das partículas, semelhante às notas musicais em uma sinfonia intergaláctica. Ethan notou que cada movimento cósmico começa de um ponto específico no espaço-tempo, similar a um maestro que inicia uma sinfonia.

Neste ponto, Ethan encontra-se na encruzilhada entre a ciência e a filosofia, pronto para mergulhar no âmago da criação. Ele está preparado para entender como cada peça se encaixa no grande quebra-cabeça cósmico. Clareza e profundidade se entrelaçam nessa jornada, como raios de luz dançando em um céu estrelado. Ethan embarca em sua exploração investigando o diâmetro da zona referente à força eletromagnética. É como se estivesse ajustando o foco de um telescópio cósmico, direcionando sua atenção para a essência da energia que mantém o universo em equilíbrio.

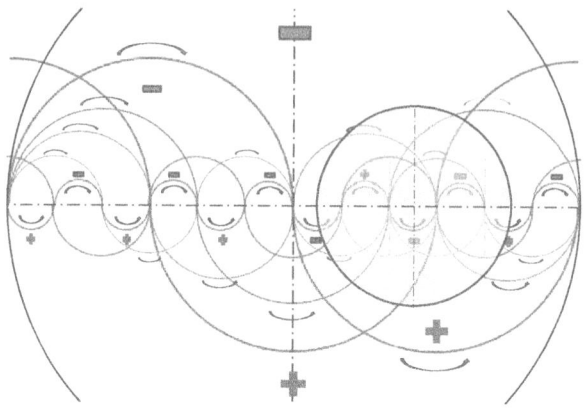

O livro que guia seus passos atua como uma bússola em terras desconhecidas. Por meio dele, Ethan descobre a ocorrência de uma inversão de sentido na área da força eletromagnética. É como se a música cósmica mudasse abruptamente de tom, criando harmonias ocultas em suas mudanças e reviravoltas.

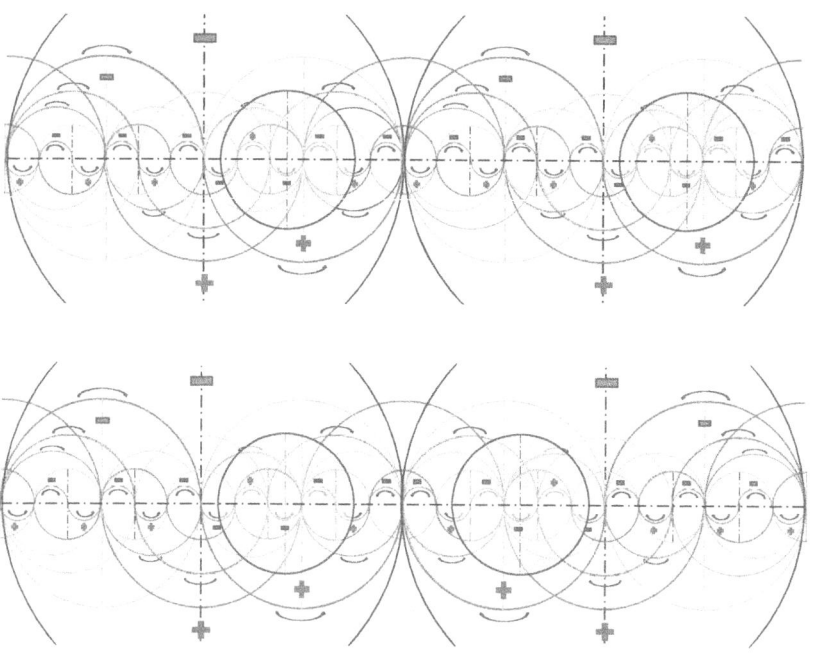

Além disso, há uma inversão de polaridade no sistema relacionado à zona da força eletromagnética.

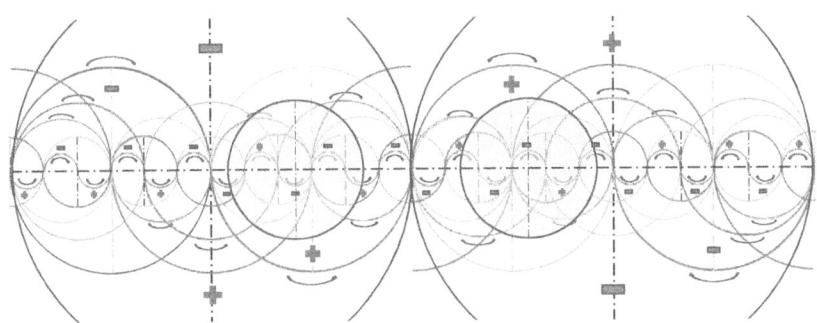

Quando essas duas zonas se unem, surge um novo sistema que gira em harmonia com o sistema principal.

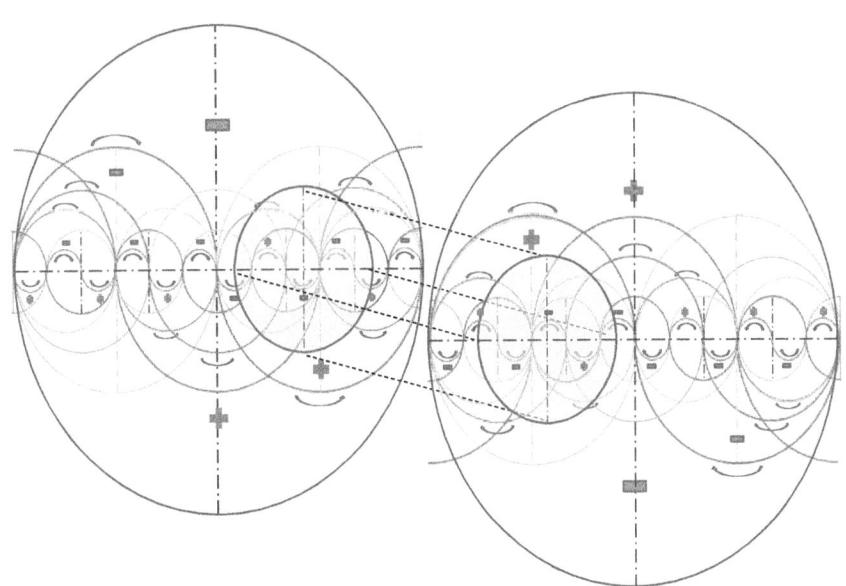

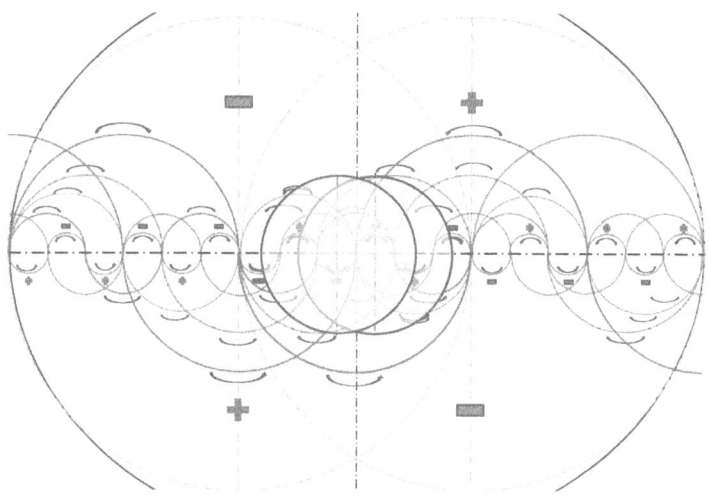

Para que todos os sistemas tenham a polaridade correta, é necessária uma nova inversão de polaridade desse novo sistema.

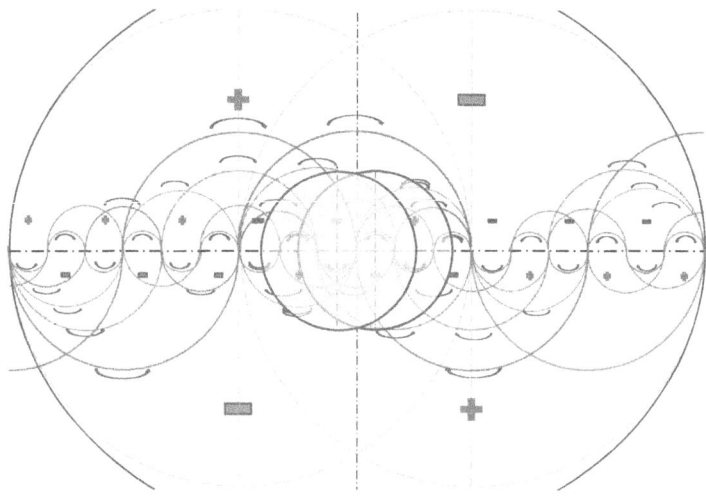

O sistema final revela a peculiaridade de ter a primeira parte do percurso da partícula em uma zona acústica, enquanto a segunda parte ocorre na zona eletromagnética. Essa sequência também se desenrola na segunda metade do nosso sistema, mas em sentido oposto, conduzindo em direção ao centro do sistema principal. Concluindo, Ethan precisa posicionar as polaridades nos lugares adequados para compreender as interações dentro desse tipo de sistema.

A coreografia das forças eletromagnéticas desenha padrões complexos, assemelhando-se a arabescos cósmicos no palco da existência. O olhar perspicaz de Ethan desvenda que esses padrões se refletem na geografia da Terra, como sombras de um universo invisível que deixam sua marca. Enquanto Ethan decifra os segredos desse intricado sistema de triplas inversões, ele sente uma conexão com os antigos filósofos que contemplavam o cosmos.

A jornada científica se entrelaça com a jornada espiritual, na qual ele busca respostas sobre o cosmos e sobre sua própria existência. A cada passo, Ethan percebe a pulsação do universo como se fosse o bater de seu próprio coração. Cada inversão de polaridade ecoa como um acorde surpreendente, tocando em uma sinfonia cósmica que ressoa desde os primórdios do tempo.

Finalmente, Ethan encaixa as peças desse intricado quebra-cabeça cósmico. Ele vislumbra a interconexão de todos os sistemas, como constelações de ideias que se unem para formar uma visão mais abrangente. E, assim, o enigma da força eletromagnética se desvela diante de Ethan, tal qual uma tela de cinema cósmica projetando os segredos mais profundos do universo. Ele toca nas notas da criação e sente a harmonia do cosmos ressoar através de sua própria alma.

A Zona Negativa

Após ponderar sobre essas ideias, surge uma última interação negativa para ser explorada: a que se contrapõe à força relacionada à zona eletromagnética que estava sob observação. Ao refletir sobre a disposição da primeira zona eletromagnética descoberta, as leis formuladas por Isaac Newton emergem na mente de Ethan, fornecendo uma base explicativa para o funcionamento do universo.

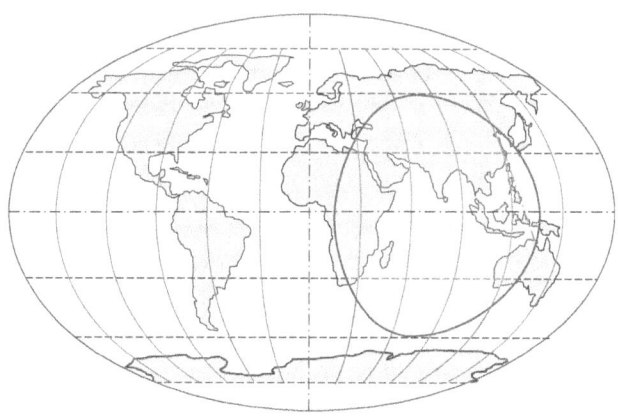

Newton estabeleceu entre esses princípios a noção de que todas as forças no universo operam em pares. Dessa forma, a zona eletromagnética, enquanto força, deve possuir uma contraparte correspondente, de natureza oposta e, consequentemente, negativa.

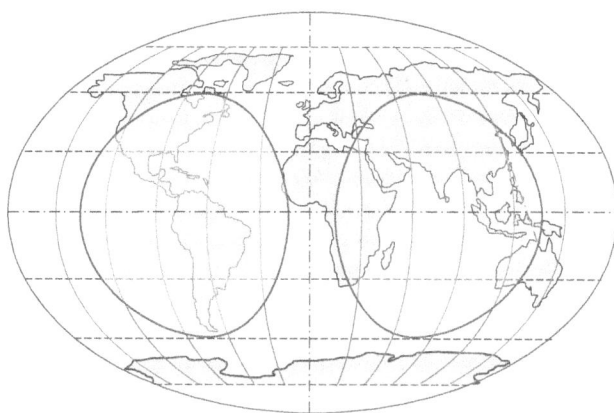

Assim como no caso do sistema ligado à força eletromagnética, também podemos representar esse sistema ao longo da linha do tempo, ocupando exatamente a mesma posição, mas na zona associada à força atômica fraca e à força gravitacional.

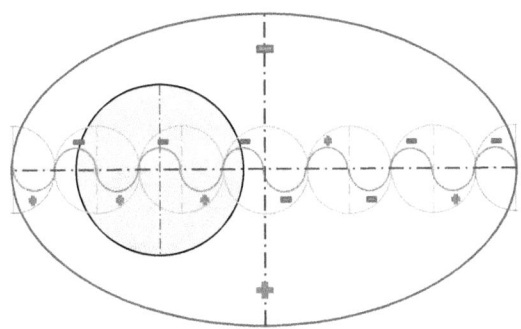

À medida que avançamos para sistemas mais intrincados, como o sistema resultante de uma tripla inversão, esse processo segue a mesma lógica.

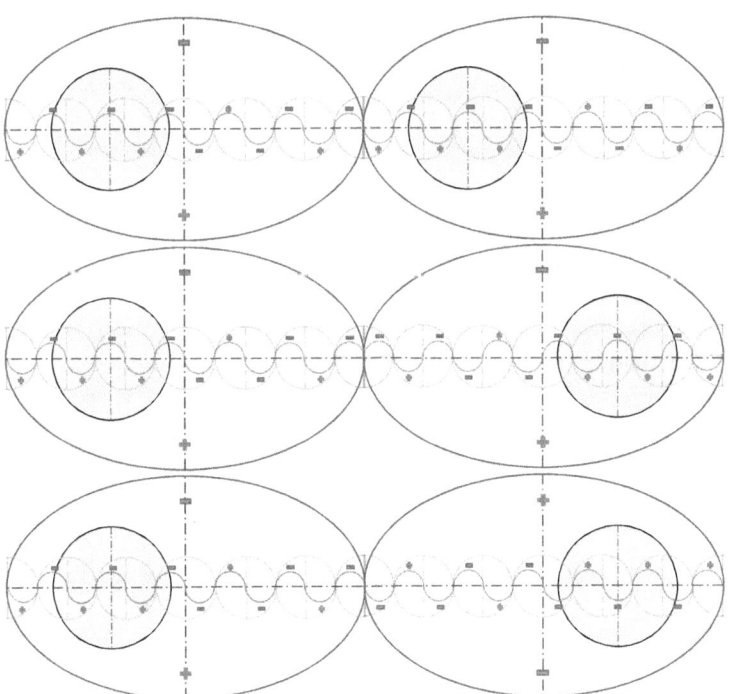

Primeiramente, ocorre a inversão das polaridades em simultâneo com a inversão da direção. A combinação desses dois sistemas resulta na geração de um novo sistema.

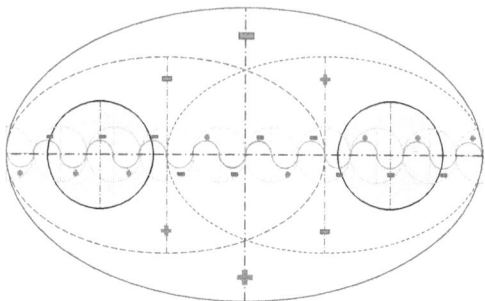

Devido à própria natureza da zona eletromagnética, ocorre uma segunda inversão de polaridade.

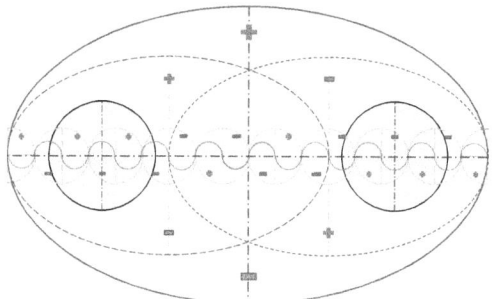

Agora, bastava sobrepor os dois sistemas encontrados para obter o resultado definitivo do sistema de tripla inversão, com suas zonas positivas e negativas.

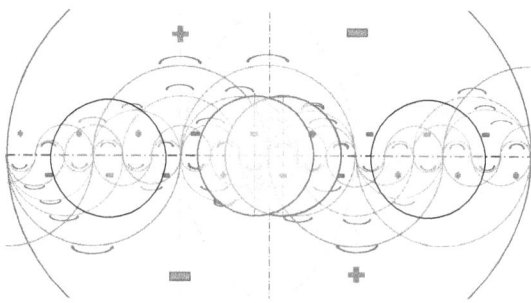

As linhas de amarração

Após desvendar os fenômenos subjacentes à orquestração cósmica e explorar as possíveis configurações geradas pelo sistema universal, avançamos para teorias que sugerem a existência de forças supervisórias que guiam o destino de cada sistema, de acordo com as influências que os cercam. Com um entendimento sólido sobre a operação de um sistema de tripla inversão, é hora de visualizar esse sistema através das linhas de amarração identificadas anteriormente. Replicando os mesmos passos, Ethan posiciona o gabarito correspondente à zona de influência eletromagnética.

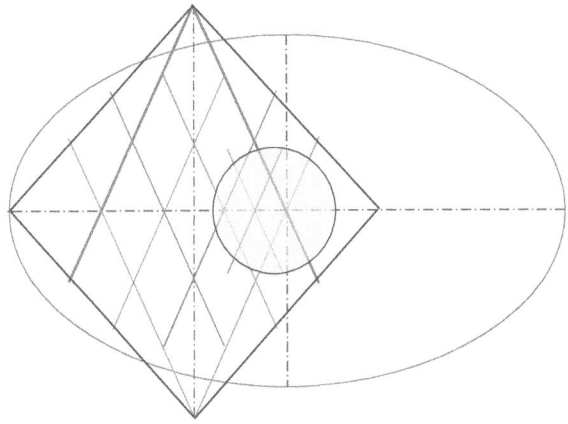

Com precisão, ele replica essa configuração no sentido oposto, com polaridade invertida, abrangendo as zonas eletromagnéticas de cada sistema.

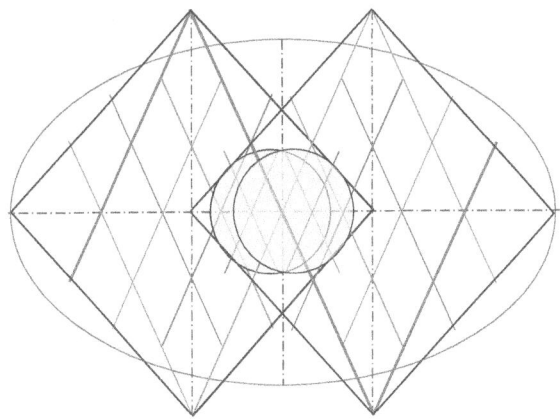

A partir desse ponto, basta inverter o resultado para alinhar-se com a polaridade de um sistema eletromagnético.

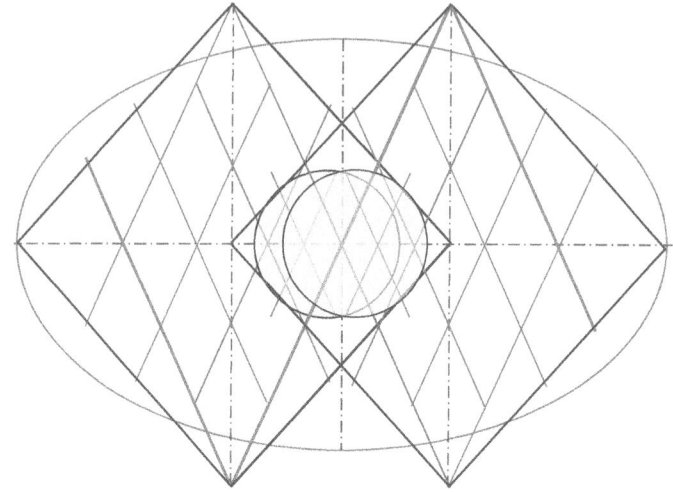

O resultado é espetacular, assemelhando-se a uma intricada rede de pescador, onde as linhas de amarração garantem que o sistema permaneça estável em sua posição. Ethan percebe que ainda falta posicionar o sistema associado à transmissão de ondas, com suas próprias redes de amarração, junto com o gabarito das linhas de amarração do sistema triplo.

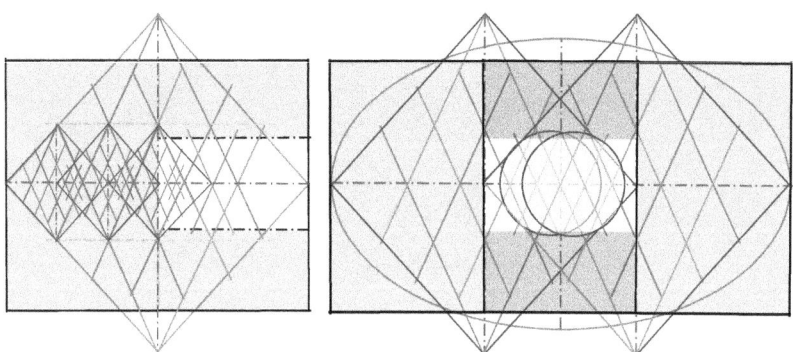

Com cautela, ele explora a configuração mais lógica para integrar um sistema sonoro ao eletromagnético. Considerando que o sistema sonoro atua na zona das interações invisíveis e intrínsecas ao sistema, o resultado é fascinante: positivo no centro e negativo em ambos os lados, totalizando três sistemas.

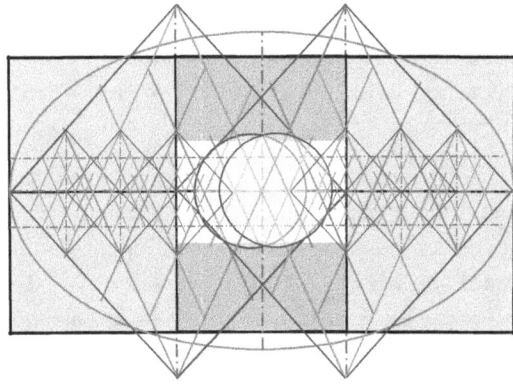

Levando em conta que o sistema de tripla inversão tem sua polaridade invertida, deve-se iniciar com um sistema acústico de polaridade invertida para obter o alinhamento das linhas de amarração, tanto positiva quanto negativa. Para a segunda zona acústica, é necessário inverter o sentido e a polaridade das linhas de amarração. Ethan sente-se profundamente satisfeito com o resultado, imaginando que essa configuração se repetirá em todos os sistemas de tripla inversão.

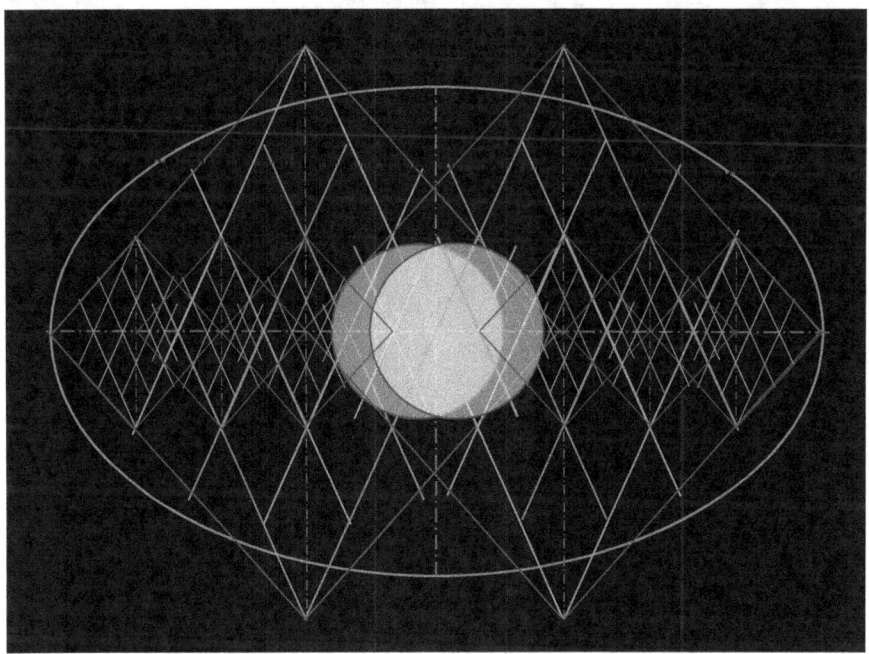

A abordagem repetitiva desse processo trouxe familiaridade com a sequência de linhas de amarração, tornando Ethan consideravelmente mais ágil na montagem. Uma característica intrigante desse procedimento é que, ao obter a distância entre dois pontos no sistema, todas as demais distâncias internas podem ser facilmente determinadas.

Essa precisão revela as conexões ocultas e harmonias que permeiam o universo, trazendo um profundo senso de compreensão para aqueles que ousam explorar seus segredos. É possível perceber que, diferente da zona acústica, o resultado da colocação do sistema de tripla inversão dentro de seu sistema final preenche completamente a zona visível do sistema eletromagnético.

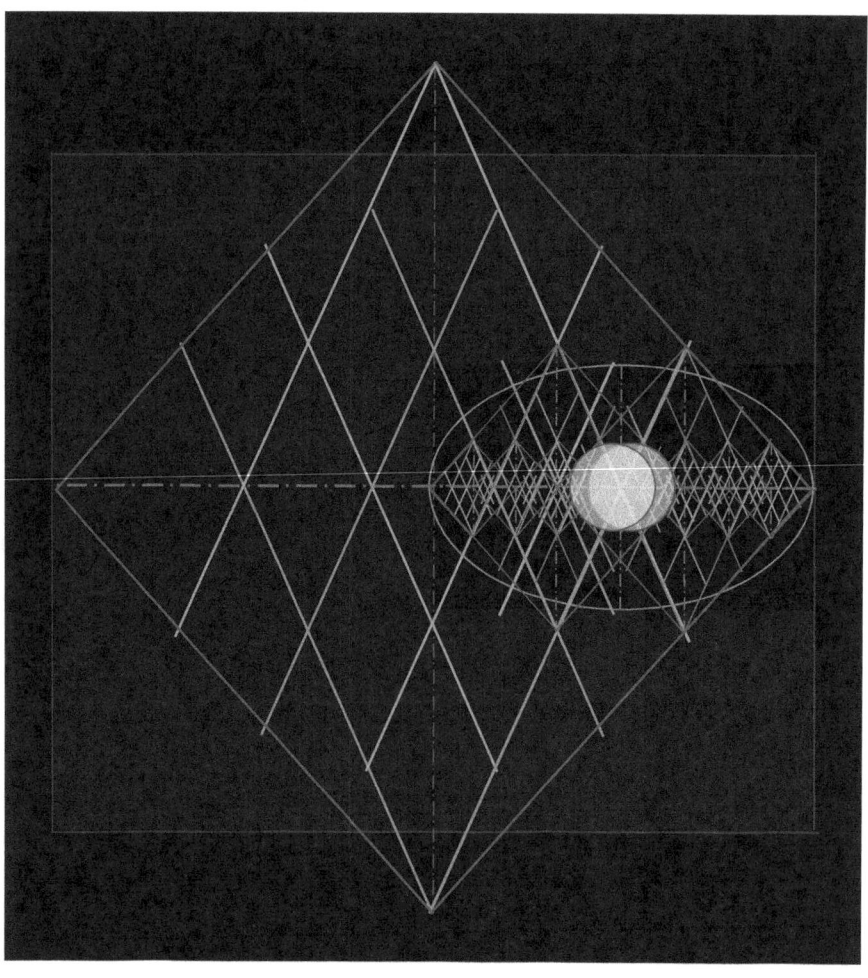

Os gabaritos

Ao observar atentamente os gabaritos, Ethan organizou meticulosamente os resultados que havia descoberto. Surpreendentemente, ele identificou dois sistemas distintos.

O primeiro sistema, um protagonista da sinfonia cósmica, revelou-se composto por quatro configurações únicas. Uma notável sinfonia emergia de uma onda situada na zona relacionada à força atômica fraca, destacando as interações decorrentes da órbita do elétron ao redor do núcleo. Essa sinfonia audível, com seus dois sistemas distintos representando sons graves e agudos, residia na zona associada à força atômica forte. Continuando a sequência do ramo acústico, encontramos a sinfonia dos ultrassons na zona ligada à força atômica fraca.

Na região governada pela força eletromagnética, surgia uma gravação cósmica resultante de um complexo sistema de tripla inversão. Por sua vez, a zona da força gravitacional entrelaçava múltiplos sistemas. A primeira sinfonia, resultante das três janelas do ramo acústico, oferecia a sinfonia completa dos sons, começando pelos infrassons, passando pelos graves e agudos, até os ultrassons. Finalmente, a junção entre a sinfonia acústica e a sinfonia eletromagnética completava uma sinfonia abrangente, derivada do movimento da partícula nas zonas acústica e eletromagnética.

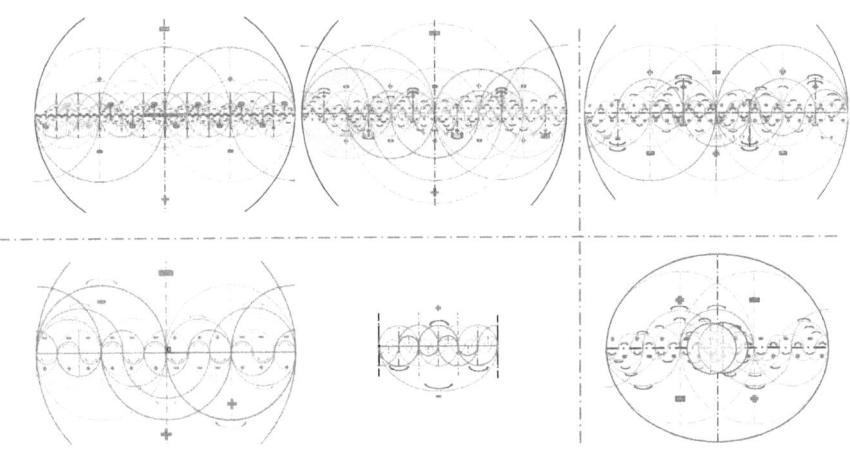

O segundo sistema identificado é composto pelas linhas de amarração, que Ethan ainda está investigando. Na zona gravitacional, faltava entender como funcionavam as linhas de amarração resultantes da sinfonia cósmica completa.

Sabendo que temos uma sequência de 11 sistemas, podemos representar facilmente as interações em cada um deles, conforme a figura a seguir.

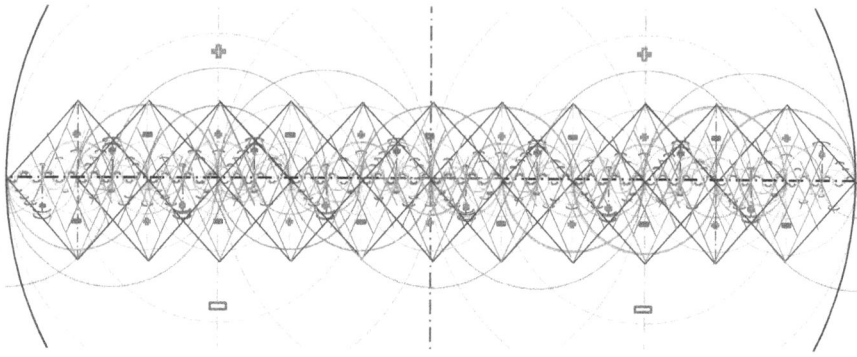

Considerando que essa sequência pertence a um sistema, devemos incluir os dois sistemas acústicos secundários, seu link e as linhas de amarração do sistema principal. O resultado revela 15 sistemas no total.

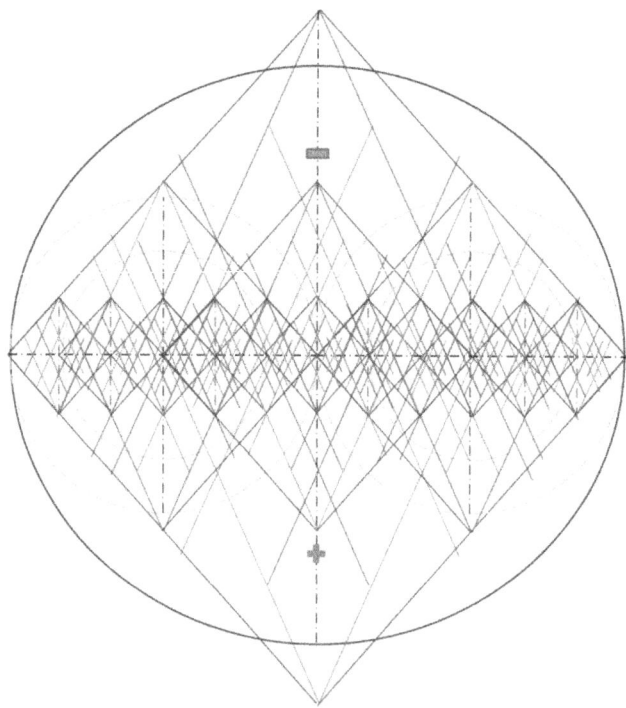

Ainda faltava representar as linhas de amarração do sistema relacionado aos ultrassons. Ao identificá-las, encontramos cinco sistemas adicionais.

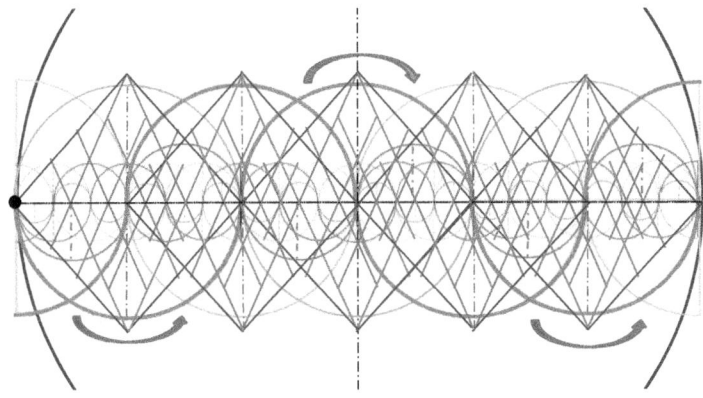

Para finalizar a rede de linhas de amarração dos ultrassons, resta adicionar as linhas de amarração do sistema principal, totalizando seis sistemas ao todo.

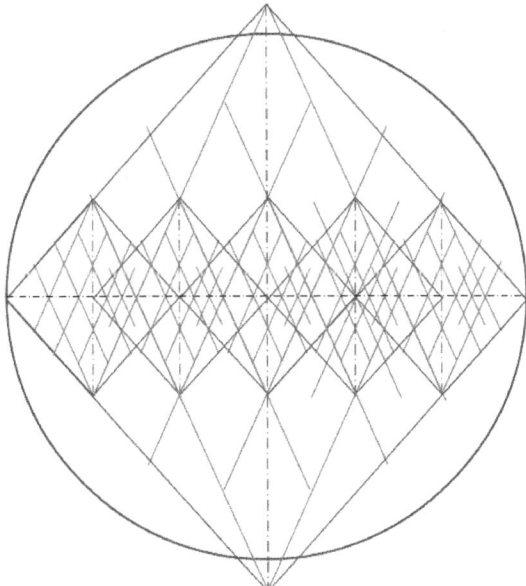

Agora, Ethan estava pronto para montar o segundo sistema, intrinsecamente relacionado às linhas de amarração, revelando quatro possibilidades instigantes. Ele percebeu que, na zona da força atômica fraca, cinco quadrados se destacavam: três maiores e dois resultantes das interseções. A zona da força atômica forte continha quatro zonas distintas. Na região influenciada pela força eletromagnética, um sistema de tripla inversão e polaridade invertida também se manifestava, enquanto a zona da força gravitacional dava origem a dois sistemas interconectados.

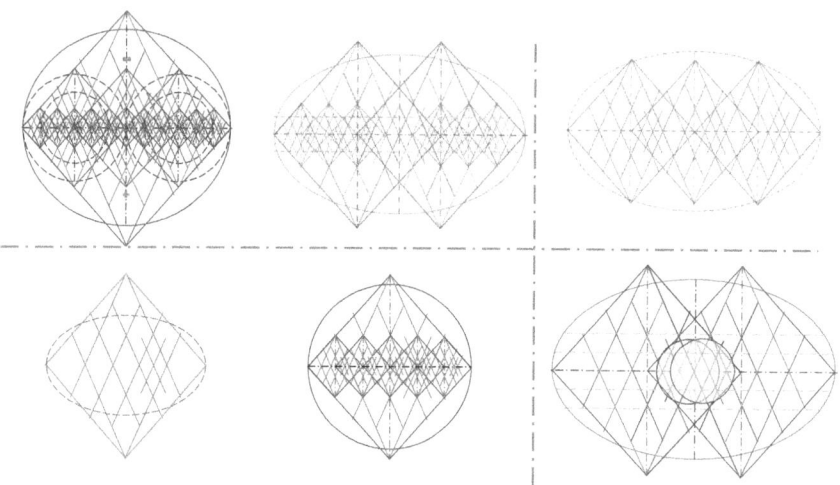

Com esses resultados, Ethan montou o sistema resultante. Observamos a sinfonia do ramo acústico na zona da frequência, relacionada ao presente com um objetivo para o futuro próximo. Na zona da matéria, encontramos interações decorrentes da presença da matéria. Na zona eletromagnética, o sistema de tripla inversão se destaca, e na zona da força gravitacional, vemos a resultante da força eletromagnética, marcando o tempo. Faltava apenas posicionar um quinto sistema, ligado à força eletromagnética, que, embora sem matéria, é resultado do movimento da matéria na zona dos ultrassons.

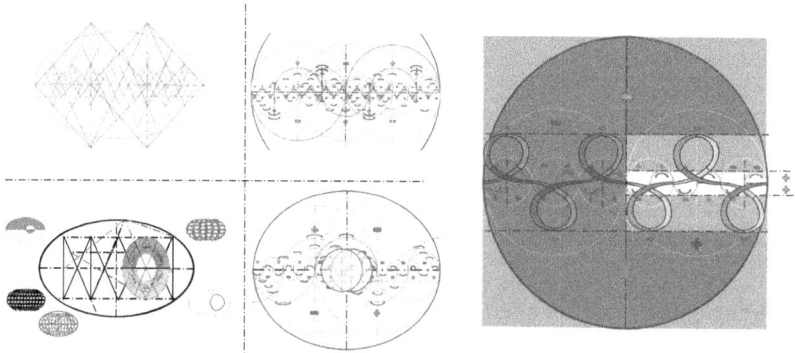

O fascínio reside na confluência dessas descobertas. Ethan intuiu uma oportunidade única: estudar um domínio específico para compreender profundamente os eventos que ocorrem naquele instante singular, sabendo que o resultado seria a soma total de todas as interações.

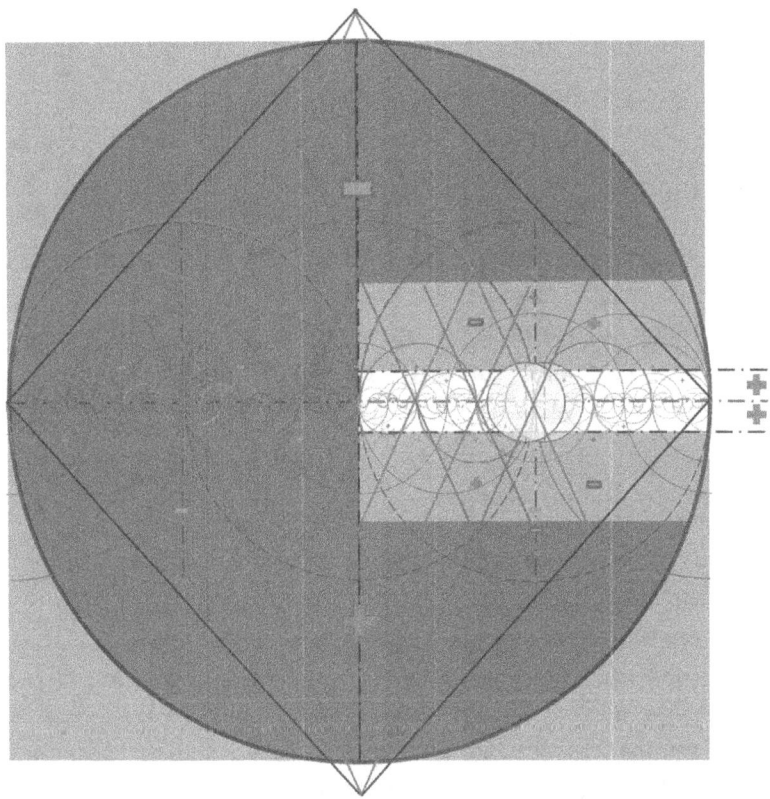

Ao posicionar habilmente o gabarito, Ethan experimentou uma sensação avassaladora. Diante dele, desenrolava-se um intrincado balé de interações em um espaço delimitado pelo tempo, com cada movimento do cursor gerando mudanças sutis e fascinantes.

Era como se ele estivesse sintonizado à dança cósmica que pulsa incessantemente, revelando os segredos mais profundos do universo em resposta aos seus gestos cuidadosamente calculados.

Resumo dos Pontos Principais

1. Exploração dos sistemas de Tripla Inversão e suas implicações.
2. Análise das linhas de amarração e sua importância na estabilidade dos sistemas.
3. Descoberta das interações entre sistemas acústicos e eletromagnéticos.

Pontos-Chave

- **Sistemas de Tripla inversão:** Entendimento das inversões de polaridade e suas consequências.
- **Linhas de Amarração:** Papel crucial na estabilidade dos sistemas.
- **Interação entre Sistemas:** Conexão entre sistemas acústicos e eletromagnéticos.

Glossário de Termos Técnicos

- **Força Eletromagnética:** Interações entre partículas carregadas eletricamente.
- **Tripla inversão:** Inversão tripla de polaridade e direção das forças.
- **Linhas de Amarração:** Linhas que estabilizam e conectam diferentes partes de um sistema.
- **Sinfonia Acústica:** Interações sonoras em diferentes frequências.
- **Sinfonia Eletromagnética:** Interações na faixa eletromagnética.

Conclusão do Capítulo 3

Neste capítulo, Ethan avançou significativamente na compreensão da estrutura e do funcionamento dos sistemas cósmicos. Por meio da análise de gabaritos e linhas de amarração, ele revelou como diferentes forças e interações se conectam para formar uma sinfonia cósmica harmoniosa. A investigação dos sistemas de tripla inversão e a exploração das linhas de amarração permitiram a Ethan mapear um quadro complexo e interligado do universo. Cada descoberta abriu novas portas para questionamentos e explorações futuras, incitando-o a obrigação em sua incansável busca por conhecimento.

Capítulo 4

O sistema se revelando

*"A descoberta científica é impulsionada
pela curiosidade humana
em desvendar os segredos das interações
que moldam o universo."*

— Stephen Hawking

A Dança Cósmica das Forças

Ethan estava prestes a alcançar um marco significativo em sua busca incansável pela compreensão das forças universais. Contudo, uma pergunta persistia: de que maneira cada uma das quatro forças universais moldava suas respectivas zonas e quais eram os limites de sua influência? Embora a ideia de que ações pudessem se propagar infinitamente pelo cosmos ocupasse sua mente, guiado pelos ensinamentos dos mestres e inspirado por sua busca, ele percebeu algo essencial: a finitude subjacente ao sistema.

Guiado pelo livro, que funcionava como uma verdadeira bússola cósmica, Ethan descobriu que a zona da força gravitacional emerge da passagem da partícula por essa mesma região, revelando uma teia de interações invisíveis. Portanto, o resultado inevitável envolveria três sistemas de forças, todos interligados às ações dos sistemas de força eletromagnética. A zona gravitacional, que surge como um sistema, abrange as quatro zonas que compõem essa nova configuração, resultando em dezesseis interações distintas.

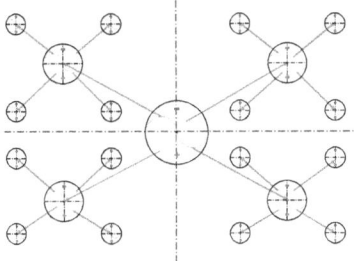

Com essa nova compreensão, Ethan começou a perceber a lógica por trás dos padrões cósmicos, conectando cada descoberta a uma parte maior do quebra-cabeça universal. Ele notou a recorrência de certos números que pareciam simbolizar ações intrínsecas no universo, como o número dezesseis na zona gravitacional e o número sete, associado à perfeição em diversas culturas e sistemas. Na zona gravitacional, caracterizada por sua invisibilidade e lentidão, o número dezesseis se destacava, enquanto o sete, considerado o número da perfeição, ecoava nas sete notas musicais, nas sete cores do arco-íris e nos sete dias da semana.

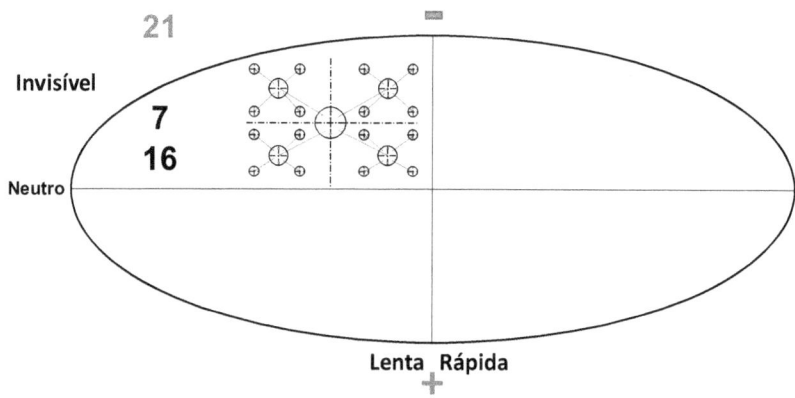

A zona da força atômica fraca, visível e lenta, baseia-se na união de sistemas, resultando em cinco tipos distintos de interações. Essas interações estão relacionadas à presença de ultrassons e infrassons, que são variações de ondas sonoras.

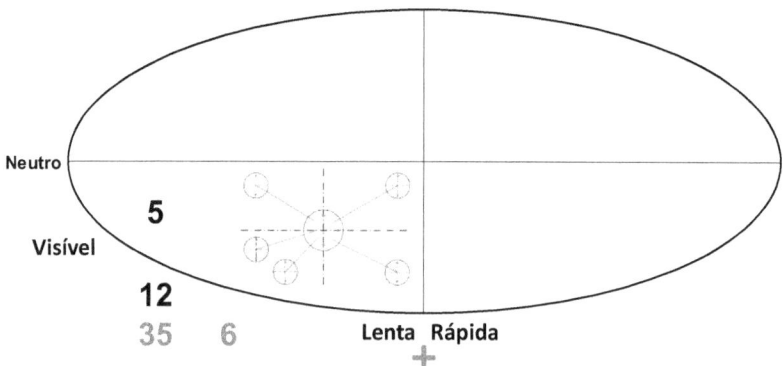

Na esfera da força atômica forte, invisível e veloz, orientada para a ação, surgiam quatro possibilidades devido à natureza intrínseca de nosso sistema.

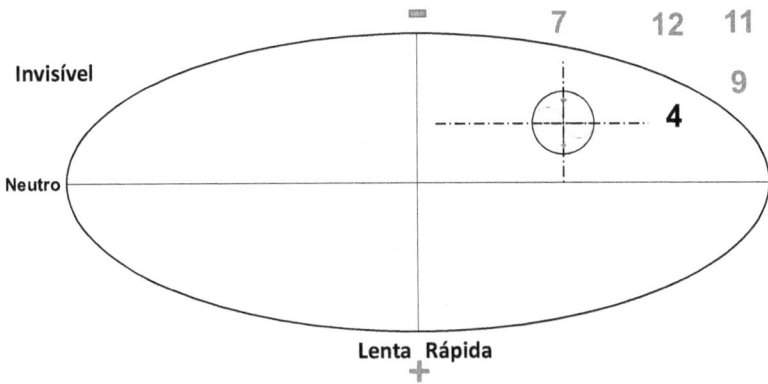

Por fim, na zona eletromagnética, visível e ágil, visualizamos três sistemas distintos e doze divisões temporais, refletindo a sustentação e harmonia do cosmos: doze meses, doze horas do dia, doze vértebras, doze costelas e as doze principais placas tectônicas terrestres.

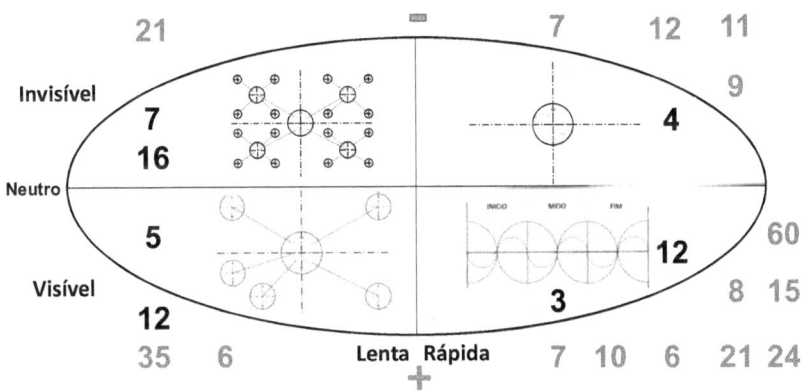

Entre esses números emblemáticos, surgem também os números secundários, resultantes das interações entre as zonas. Os mestres da sabedoria científica sublinharam a importância de compreender todas essas informações e conceitos apresentados. O livro, embora não os explicasse detalhadamente, sugeria que, ao longo das explanações, desvelaríamos esses números em seus contextos específicos.

Finalmente, Ethan estava em condição de montar o resultado de sua profunda investigação, apontando os alicerces do sistema que vislumbrara ao iniciar esse raciocínio lógico.

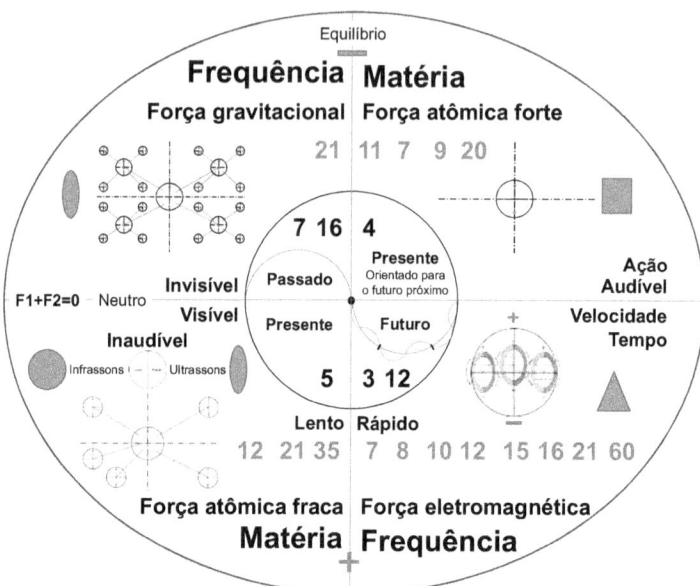

Além dos 24 gabaritos identificados durante a pesquisa, ele agora poderia investigar se esses gabaritos, descobertos a um nível subatômico, poderiam ser aplicados a sistemas maiores, como o sistema solar e além.

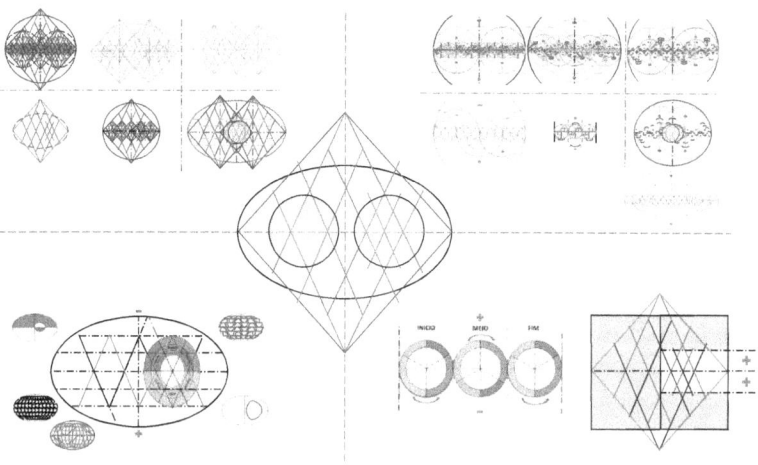

Com a conclusão iminente na zona gravitacional, ele identificou os cinco tipos iniciais de interações, além das consequências originadas pela frequência da partícula na zona de ação e pelos três sistemas na zona eletromagnética. No entanto, um sistema ainda permanecia sem análise: o da zona eletromagnética gerada pelo movimento da partícula. O livro revelou que dois sistemas independentes operam em conjunto, com a representação do movimento da força eletromagnética emergindo do próprio movimento da partícula, pertencente ao primeiro sistema.

Nesse ponto crucial, Ethan concebeu uma perspectiva simples. Ele concluiu que os sistemas estudáveis residem na zona positiva do sistema eletromagnético, onde os sons inaudíveis e os cinco tipos de interações, originados da matéria, permanecem invisíveis. A imaginação de Ethan inflamou-se ao vislumbrar que, talvez, esse fosse o coração do nosso sistema. Essa perspectiva o envolveu e cativou, e os mestres da ciência concordaram em elucidar as aplicações do vasto conhecimento que ele havia adquirido até então.

Desde o início, todo raciocínio foi construído com base na análise da trajetória de uma partícula que, como uma constante dança cósmica, circunda seu núcleo, desencadeando consequências profundas. Agora, Ethan enfrenta o desafio de assimilar as ramificações de suas descobertas, aplicando-as ao intrincado sistema que permeia o universo, que está em constante sintonia com a lógica complexa do cosmos.

Ainda restava uma incógnita: como o sistema interage durante o deslocamento da partícula ao longo de todo o percurso? Ele se lembrou da pesquisa que havia realizado sobre o funcionamento do sistema, utilizando as informações obtidas ao analisar as respostas do aplicativo "Melhore seus Relacionamentos". Independentemente da quantidade de pessoas pesquisadas ou da faixa de tempo escolhida, o resultado parecia ser sempre o mesmo. Quanto maior o número de pessoas observadas, maior a precisão das respostas, apontando sistematicamente um sistema semelhante a um dos três sistemas identificados na zona eletromagnética.

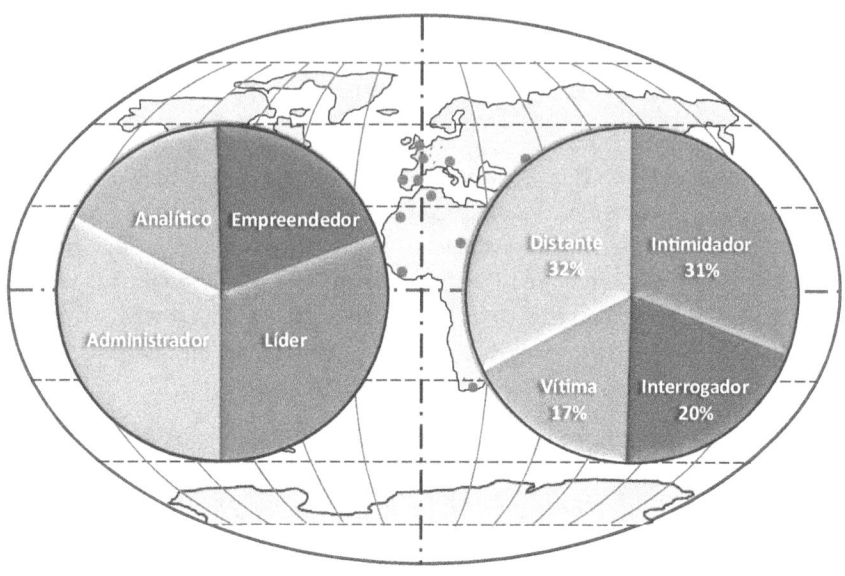

Isso evidenciou a necessidade de entender como esse sistema interage ao longo do tempo. Quais tipos de interações podem ser identificados a partir do momento em que soubermos onde a partícula se encontra? Ele voltou aos resultados da pesquisa e percebeu que o aplicativo, que não havia recebido nenhum tipo de divulgação e obtivera um crescimento orgânico, poderia lançar luz sobre a compreensão completa do processo.

O princípio fundamental do sistema apontava que as interações e a conclusão da ação eram diretamente influenciadas pela intenção inicial. Isso era evidente no aplicativo: todas as pessoas que responderam às sete perguntas começaram o processo com o objetivo de conhecer seu próprio perfil comportamental.

Ethan ficou impressionado ao perceber que o funcionamento do aplicativo durou três anos, lembrando os números encontrados no sistema. Ele observou que o aplicativo funcionou por 35 meses, quase três anos, facilitando a compreensão de cada trecho do percurso da partícula.

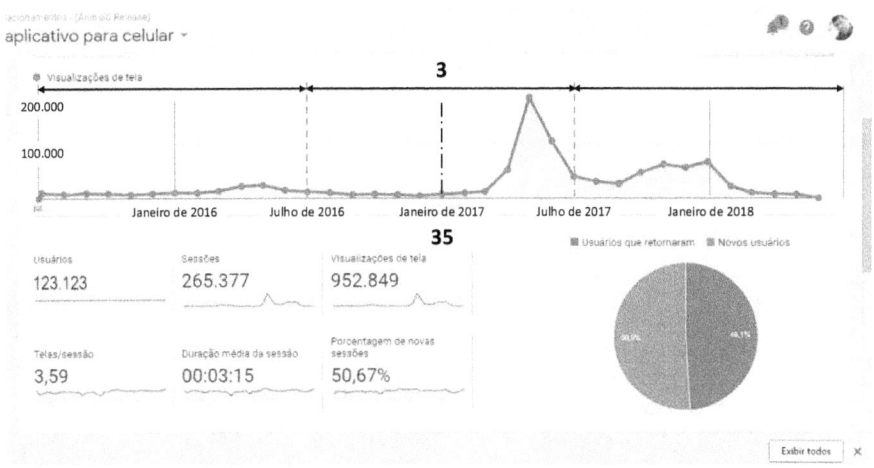

Ele conseguiu identificar facilmente o ponto de equilíbrio ao dividir o resultado em duas fases: a primeira, acústica, de velocidade lenta, e a segunda, eletromagnética. Utilizando o gabarito das zonas positivas e negativas, ele pôde visualizar a diferença nas interações que cada zona oferecia.

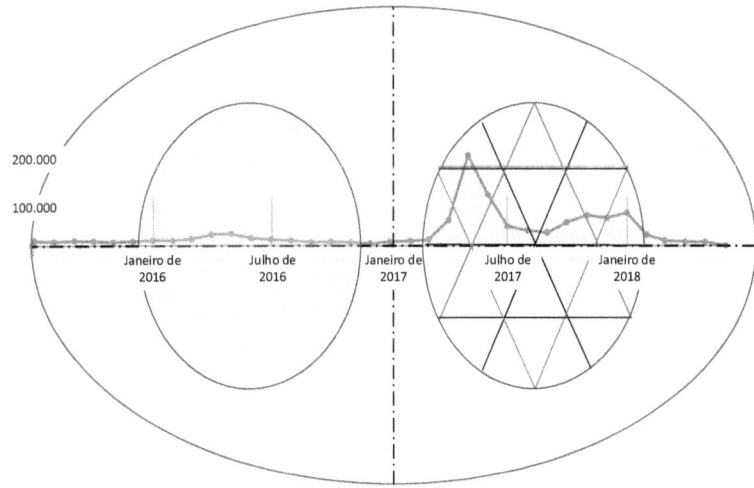

Para ilustrar melhor, imagine a vida de uma pessoa: nos primeiros anos, as interações são lentas e poucas, semelhante à fase acústica do sistema. Com o tempo, as interações aumentam e se intensificam, adentrando a fase eletromagnética, na qual as influências são mais fortes e variadas. Assim como na vida, em que as experiências e conexões se multiplicam à medida que envelhecemos.

E se pudéssemos aplicar esses princípios para prever comportamentos humanos em larga escala? Como isso alteraria nossa compreensão das relações pessoais e sociais? Poderíamos antecipar conflitos, aprimorar a comunicação e desenvolver estratégias mais eficazes para lidar com desafios.

Ethan estava eufórico. Mesmo ciente de que o resultado era fruto de uma única pesquisa, ele imaginou a possibilidade de identificar claramente as interações que ocorrem ao longo do tempo de existência de um sistema, oferecendo novas perspectivas sobre o comportamento humano e a dinâmica das relações.

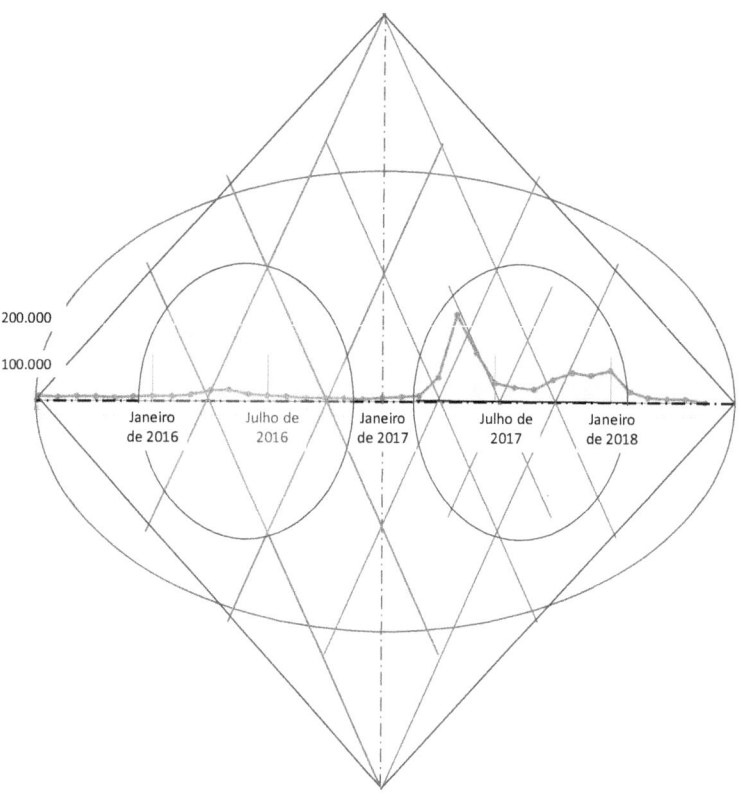

"Ao estudar as interações cósmicas,
somos conduzidos a uma jornada de compreensão mais profunda
sobre nosso lugar no vasto cosmos."

— Carl Sagan

As Chaves do universo

Nesta seção, exploraremos como o sistema cósmico e suas interações nos fornecem as chaves para compreender e interagir com o universo de maneira mais profunda e significativa. Ethan está pronto para desvendar os segredos do universo. Munido de seus gabaritos de interações e conhecimentos acumulados, ele sugere que cada continente pode ser visto como um sistema interconectado.

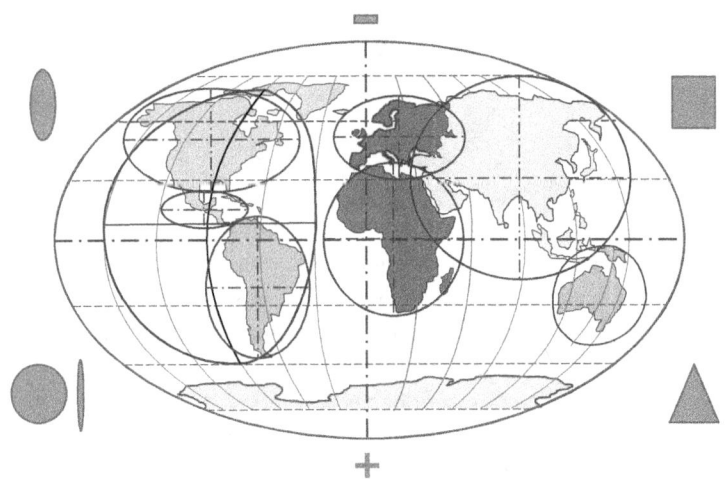

Imbuído pela sabedoria dos mestres e com um amplo espectro de conhecimentos, Ethan explora a ideia de que cada nação, com sua complexa rede de interações, pode ser vista como um sistema interconectado, refletindo a própria estrutura do universo.

Ethan inicia sua pesquisa escolhendo um país de grandes dimensões. Reconhecendo a singularidade de cada nação — culturas, idiomas, geografia e interações —, ele mergulha no estudo. Orientado pelos mestres, analisa o cenário durante um evento histórico: a Guerra de Recessão, em que o contraste entre o norte industrializado e o sul carente de recursos se destaca.

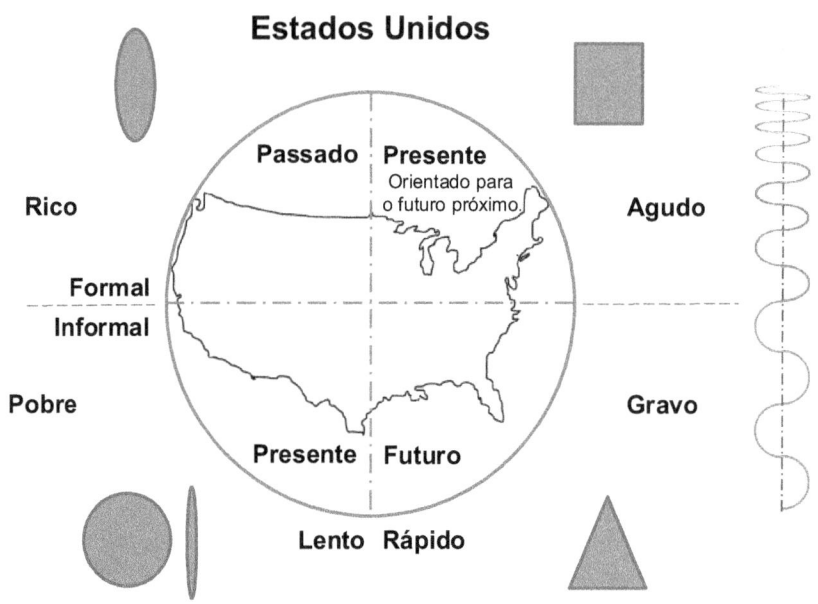

A análise detalhada do mapa do país durante a Guerra de Recessão revela insights intrigantes sobre como as diferentes zonas geográficas influenciam as interações sociais e econômicas. A zona da ação, focada no presente e na busca de metas imediatas, manifesta-se como um centro industrializado no Norte, juntamente com a zona do passado, responsável pelo sustento alimentar. Esse contraste reflete as diferentes prioridades e recursos de cada região. A oposição se intensifica: a zona presente no Sul, marcada por terras áridas, contrapõe-se à zona do futuro, quente e atrativa para o turismo, evocando prazer e qualidade de vida.

As regiões do país exibem características únicas: no Oeste, as vozes fluem em um ritmo sereno; no Leste, as palavras se apressam. No Sul, os tons são graves e rítmicos, enquanto no Norte, são agudos e nasais.

A análise se aprofunda ao mostrar como cada zona do sistema influencia as características físicas das pessoas. Ethan percebe que a zona gravitacional tende a produzir indivíduos esguios e altos, enquanto a zona do futuro revela figuras atléticas e angulosas. A zona presente associa-se a formas arredondadas e baixas, enquanto a zona da ação exibe corpos robustos e quadrados. Esses padrões se repetem em países como França, Espanha e Itália.

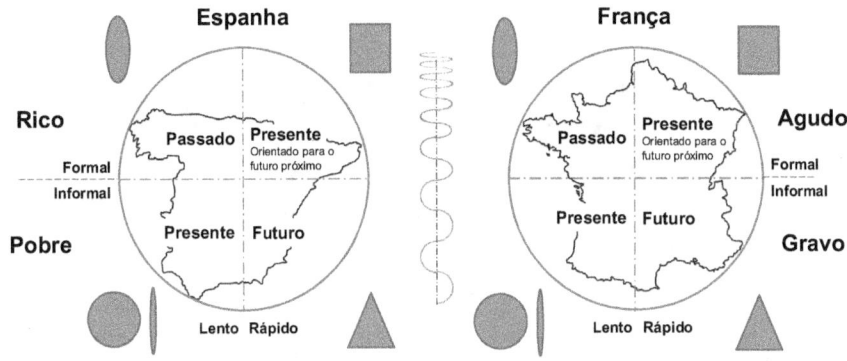

Ethan também observa a inversão do sistema nos países do hemisfério sul, mantendo, no entanto, as características fundamentais.

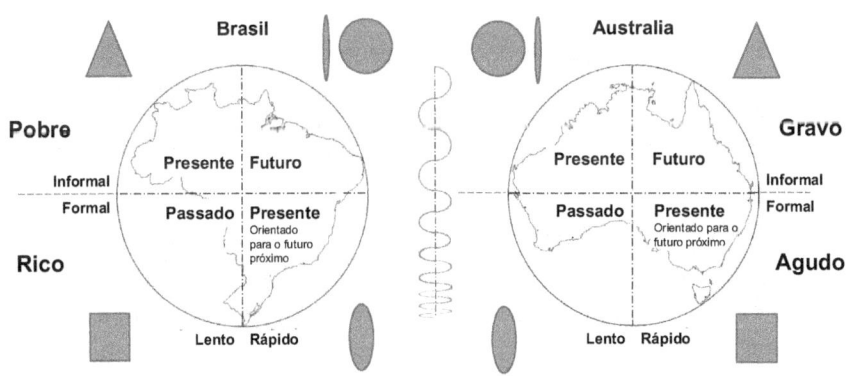

Gradualmente, ele percebe que esse modelo se aplica não apenas às nações, mas ao planeta inteiro, abrangendo os cinco continentes. Até mesmo regiões ou estados podem ser vistos como sistemas interligados, pois não há dois lugares idênticos dentro de um país. Durante sua pesquisa, Ethan encontra o "Mestre dos Oceanos" e observa que os oceanos seguem um padrão semelhante.

Assim como há cinco continentes, há também cinco oceanos, cada um com uma forma distinta.

Um ex-capitão da marinha mercante, após anos navegando no Mar da China, confirma que certos padrões climáticos são constantes e seguem características específicas. Com um "Mestre dos Ventos", ele aprende que os ventos do hemisfério norte são mais vigorosos do que os do sul.

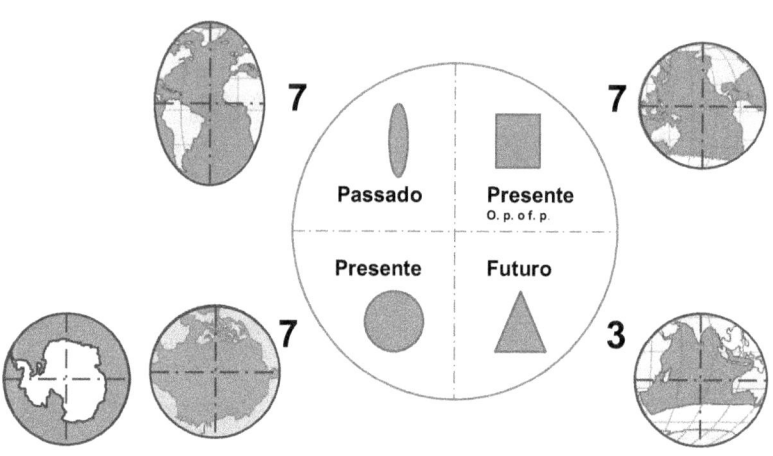

Ethan compreende que essa investigação é essencial para entender como o sistema influencia a geografia e as populações em cada zona. Ele observa que as tonalidades da voz, os hábitos e as mentalidades das pessoas são regidos por essas interações. De que forma essas dinâmicas moldam nossas vidas diárias? Ethan vislumbra a necessidade de reunir mestres da ciência para aprofundar o entendimento desses processos.

Sua confiança cresce à medida que avança em sua jornada. A compreensão de que o universo é uma sinfonia complexa, em que cada zona desempenha um papel vital, confere-lhe um sentido de conexão com a grandiosidade cósmica e o propósito de sua busca.

Nesse relato de descobertas, a interação entre o intrincado sistema e suas manifestações constrói uma narrativa envolvente, convidando um público diversificado a explorar as complexas interconexões que regem nosso universo. Que lições podemos aprender com esses padrões globais e de que maneira eles podem nos ajudar a enfrentar os desafios do futuro?

Consequências e Implicações

Preparando-se para explorar as ramificações dessa teoria visionária, adentraremos o reino das consequências e implicações da Orquestração Cósmica. Nossa busca por um propósito maior nos conduzirá a desvendar os efeitos transformadores que esse conhecimento pode exercer sobre nossa perspectiva de mundo. É hora de mergulhar nas profundezas do universo e desvendar os segredos que ecoam na sinfonia cósmica.

Ethan, nosso incansável explorador, encontra-se diante de uma encruzilhada crucial em sua jornada. O momento exige a desmistificação das relações entre a Terra, a Lua e o Sol para compreender a influência do sistema cósmico nessa dança celeste. Com olhos atentos, ele identifica três sistemas: dois com polaridade negativa e um com polaridade positiva, totalizando doze zonas de interação distintas. Impulsionado por sua busca insaciável por conhecimento, Ethan não se contenta com a superfície. Assim, ele se aprofunda nas páginas de um livro que revela os segredos da formação do sistema Terra. À medida que explora, surge um entendimento revolucionário: a Terra se desdobra em três sistemas, cada um subdividido em cinco camadas, resultando em um total de quinze camadas. Essa revelação traz uma simetria fascinante: três sistemas, quatro zonas e doze zonas na relação Terra-Lua, além de dezesseis quando se inclui o Sol.

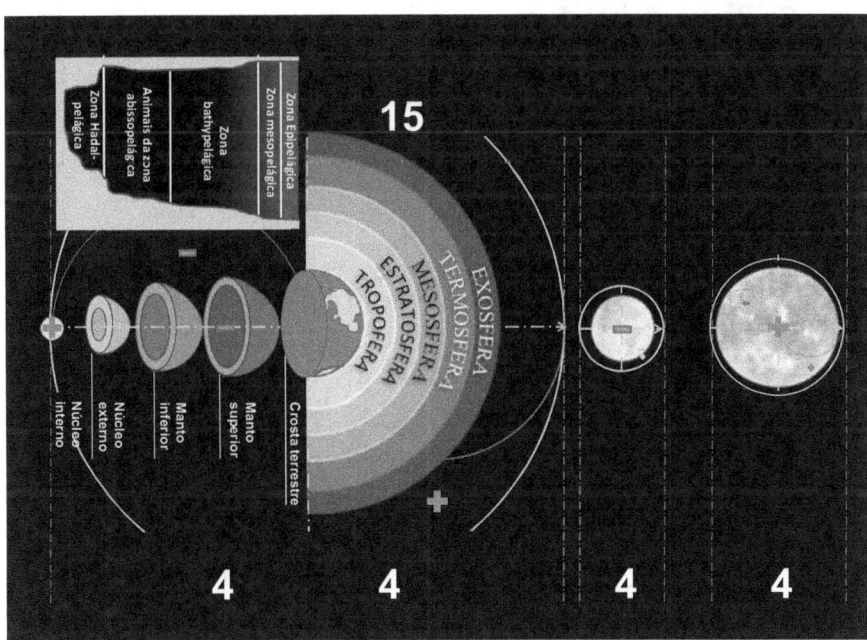

Essa epifania evidencia que cada componente do sistema desempenha um papel bem definido.

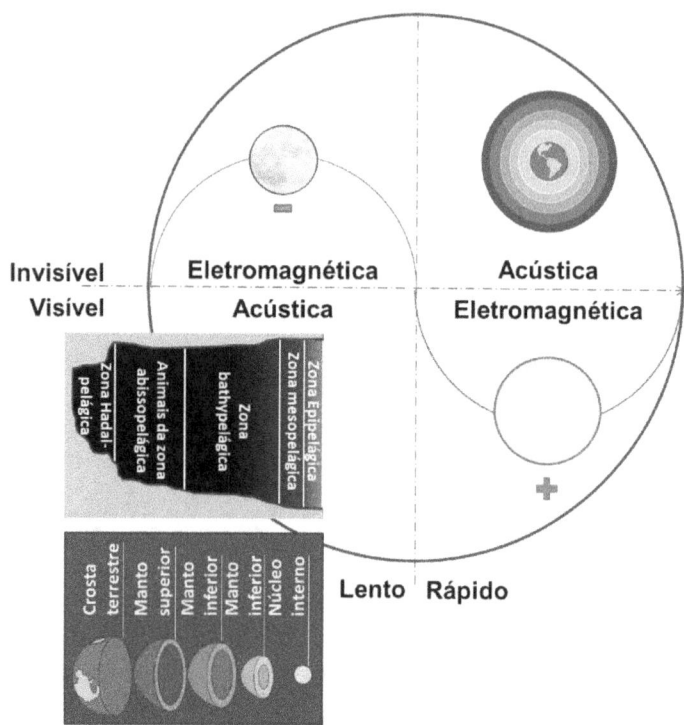

A Terra está associada às infrações, que são interações específicas relacionadas à sua superfície e estrutura interna. A água, por sua vez, está ligada aos ultrassons, ondas de alta frequência que influenciam os sistemas aquáticos.

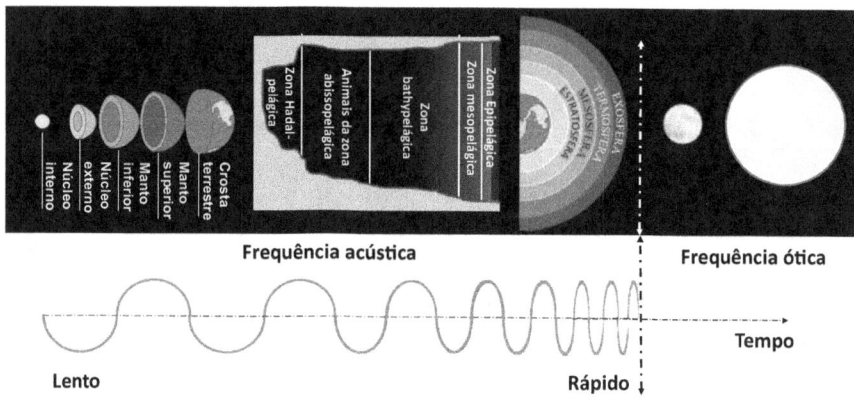

Assim, mais um enigma se desenrola: seria possível categorizar o sistema como uma inversão tripla, considerando a órbita da Terra e da Lua ao redor do Sol?

Ao encerrarmos mais um capítulo nessa busca incessante pela compreensão da Orquestração Cósmica, convido-o a contemplar o vasto potencial agora ao nosso alcance. Essas revelações nos permitem penetrar além do visível, apreciar a harmonia oculta nas interações universais e vislumbrar a beleza infinita que reside no desconhecido.

Lembremo-nos das inspiradoras palavras de Marie Curie: "Nada na vida deve ser temido, apenas compreendido." Que essa mensagem ressoe em nossas mentes, impulsionando-nos a decifrar os enigmas do cosmos com ousadia e curiosidade.

Com o conhecimento recém-adquirido, Ethan sente-se preparado para seguir adiante em sua jornada. As chaves que ele desvenda conduzem-no a uma compreensão mais profunda de nossa existência e do nosso papel nesse espetáculo cósmico. Que a sinfonia do universo continue a inspirá-lo a explorar, descobrir e buscar incessantemente o conhecimento que lançará luz sobre os mistérios ao nosso redor.

Ethan permanece diante dessa encruzilhada de descobertas. Há mais de 27 anos, ele é atraído pela ideia de um sistema universal que unifique todos os eventos cósmicos. A cada nova revelação, essa ideia se fortalece, sugerindo que ele pode ter desvendado o fio condutor subjacente a todos esses fenômenos. Recentemente, sua empolgação ao compartilhar essa teoria com os mestres foi atenuada pela falta de compreensão que encontrou. Contudo, essa experiência apenas aumentou sua determinação de encontrar alguém que pudesse verdadeiramente entender suas descobertas.

No entanto, Ethan sabe que o universo tem seus próprios desígnios. Essa circunstância o faz recordar um sonho ocorrido há duas décadas, no qual ele compartilhava informações importantes sobre um fenômeno cósmico. Esse sonho o inundou com uma sensação de total compreensão das interações universais, como se o universo estivesse lhe revelando que a chave para a compreensão residia dentro dele.

Revigorado pela chama da curiosidade, Ethan percebe que a verdadeira jornada reside em sua busca constante por conhecimento. Cada descoberta, cada obstáculo, cada novo insight o impulsiona a compreender mais profundamente a grandeza do cosmos e a se conectar com a harmonia oculta que permeia toda a existência. Nessa jornada contínua, ele finalmente encontrará o que tanto anseia:

a chave para decifrar os enigmas da Orquestração Cósmica e, quem sabe, revelar ao mundo uma compreensão mais profunda do propósito cósmico que nos envolve.

É chegado o momento de mergulhar nas profundezas do universo e desvelar os segredos que ecoam na sinfonia cósmica.

Resumo dos pontos principais:

- Desmistificação das relações entre Terra, Lua e Sol.

- Identificação de três sistemas com doze zonas de interação.

- Revelação de três sistemas da Terra, cada um com cinco camadas.

- Associação da Terra às infrações, água aos ultrassons e atmosfera ao som.

- Introdução do conceito de inversão tripla considerando a órbita da Terra e da Lua ao redor do Sol.

Pontos-chave:

1. Três sistemas interconectados com doze zonas de interação.

2. Relação entre as camadas da Terra e as forças universais.

3. Importância da representação visual para clarificar complexidades.

4. Influência da força eletromagnética e da órbita celeste na orquestração cósmica.

5. Conexão entre a busca pelo conhecimento e a compreensão do universo.

Glossário de termos técnicos:

- **Orquestração Cósmica:** A teoria que descreve como as interações e forças no universo estão interconectadas.

- **Inversão Tripla:** Um conceito que descreve a interação complexa de três sistemas com polaridades diferentes.

- **Força Eletromagnética:** A força associada ao campo eletromagnético, responsável por interações como a luz e a eletricidade.
- **Infrações:** Termo usado para descrever as interações específicas associadas à Terra.
- **Ultrassons:** Ondas sonoras de alta frequência, acima da capacidade auditiva humana.

Conclusão do Capítulo 4:

Encerramos este capítulo com uma nova perspectiva sobre as interações cósmicas, compreendendo que cada descoberta não apenas amplia nosso conhecimento do universo, mas também nos fornece ferramentas para moldar nosso futuro em harmonia com as leis universais. As chaves do universo estão agora em nossas mãos, prontas para desvendar novos mistérios e revelar a beleza oculta na grande sinfonia cósmica.

Ethan permanece diante dessa encruzilhada de descobertas. Há mais de 27 anos, ele é atraído pela ideia de um sistema universal que unifique todos os eventos cósmicos. A cada nova revelação, essa ideia ganha força, sugerindo que ele pode ter desvendado o fio condutor subjacente a todos esses fenômenos. Recentemente, sua empolgação ao compartilhar essa teoria com os mestres foi atenuada pela falta de compreensão que encontrou. Contudo, essa experiência apenas aumentou sua determinação de encontrar alguém que possa verdadeiramente compreender suas descobertas.

No entanto, Ethan sabe que o universo tem seus próprios desígnios. Essa circunstância o faz recordar um sonho ocorrido há duas décadas, no qual ele compartilhava informações importantes sobre um fenômeno cósmico. Esse sonho o inundou com uma sensação de total compreensão das interações universais, como se o universo estivesse lhe revelando que a chave para a compreensão residia dentro dele.

Revigorado pela chama da curiosidade, Ethan percebe que a verdadeira jornada reside em sua busca incessante por conhecimento. Cada descoberta, cada obstáculo, cada novo insight o impulsiona a compreender mais profundamente a grandeza do cosmos e a se conectar com a harmonia oculta que permeia toda a existência. Nessa jornada contínua, ele finalmente encontrará o que tanto anseia: a chave para decifrar os enigmas da Orquestração Cósmica e, talvez, revelar ao mundo uma compreensão mais profunda do propósito cósmico que nos envolve.

Capítulo 5

A dança dos planetas

"A complexidade do universo está além da nossa compreensão total, mas é a nossa curiosidade inata que nos impulsiona a investigar e compreender cada vez mais."

— Michio Kaku

O sistema solar

O universo é um convite à nossa curiosidade inata. Essa curiosidade nos motiva a desvendar seus segredos e explorar suas complexidades. É exatamente nessa jornada que Ethan nos conduz. Em meio a uma dança cósmica intricada, ele se dedica a encontrar evidências sólidas e conexões irrefutáveis, enquanto desvenda os mistérios da Orquestração Cósmica.

Ethan compreende que, antes de mergulhar nas complexas teorias, é crucial estabelecer uma base sólida. E é aqui que o Sistema Solar, um palco grandioso onde planetas, luas, estrelas e corpos celestes executam sua sinfonia cósmica, assume um papel central.

Imagine-se observando o céu noturno: a vastidão estrelada ecoa uma harmonia majestosa, mas também esconde enigmas. O Sistema Solar, nosso domínio celestial local, é uma peça importante nesse concerto cósmico. Ethan nos guia nessa exploração, desvendando camada por camada dessa sinfonia. O Sol, a estrela soberana, surge como o maestro da orquestra, fornecendo energia vital para todos os demais elementos.

Os planetas terrestres, Mercúrio, Vênus, Terra e Marte, assumem o centro das atenções. Cada um trazendo sua singularidade, sua melodia peculiar. Desde o destemido Mercúrio, o mais próximo do Sol, até o majestoso Marte, o "planeta vermelho", cada um contribui para a rica tapeçaria cósmica.

No entanto, não são apenas os planetas terrestres que compõem essa sinfonia. Entre Marte e Júpiter, o cinturão de asteroides se insinua, pontuando o espaço com suas notas rochosas.

Os gigantes gasosos, Júpiter e Saturno, emergem imponentes, deslumbrantes com seus anéis e tempestades. E além deles, Urano e Netuno, os gigantes gélidos, perpetuam essa narrativa celestial.

Mas a orquestra não termina por aí. As luas dançam ao redor de seus planetas hospedeiros, adicionando seus tons únicos a essa melodia. E mais além, o cinturão de Kuiper e a Nuvem de Oort sussurram histórias de cometas e corpos celestes distantes, que ocasionalmente visitam nosso sistema.

Ethan discerniu que o Sistema Solar ocupava uma posição no Braço de Órion da Via Láctea, a aproximadamente 27.000 anos-luz de distância do núcleo galáctico. Em constante movimento, ele orbitava em torno do centro galáctico. Compreender o Sistema Solar não somente o ajudaria a discernir a origem e evolução dos planetas, mas também a lançar luz sobre a formação e desenvolvimento de outros sistemas planetários em toda a galáxia.

Imerso em seus cálculos meticulosos, Ethan buscou indícios relacionados ao Sol. Ele identificou a zona de interações eletromagnéticas que parecia corresponder à estrela. O Sistema Solar, afinal, era um verdadeiro espetáculo cósmico, e sua disposição parecia estar intimamente conectada à extensão da zona identificada. Com essa nova compreensão, Ethan passou a visualizar cada planeta distribuído em sete intervalos dentro do sistema acústico.

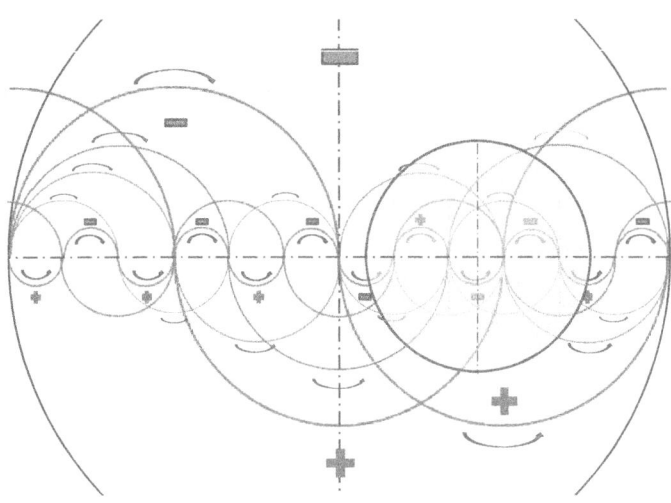

Após meses de tentativas meticulosas, Ethan finalmente começou a visualizar cada planeta posicionado em sete intervalos dentro do sistema acústico. Iniciando com Netuno e concluindo com Vênus, faltava ainda a peça relacionada à força eletromagnética. Para completar a imagem, percebeu que era necessário fundir os dois sistemas: o visível e o invisível, representado por Mercúrio.

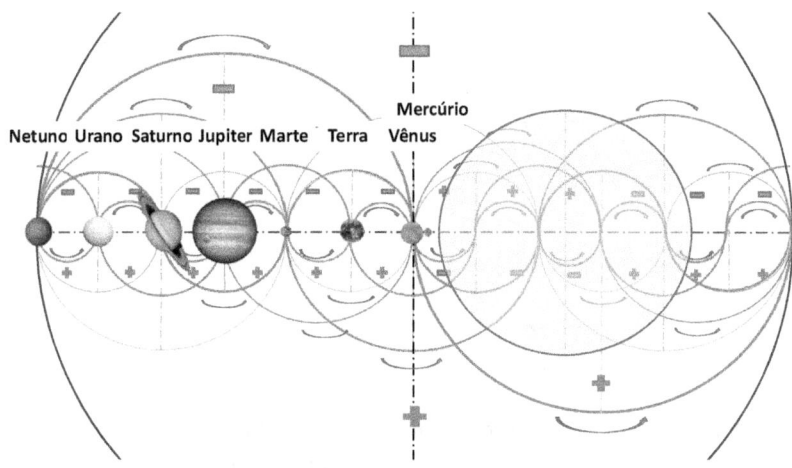

Um insight genial o atingiu: o Sistema Solar apresentava uma configuração intrigante, caracterizada por uma tripla inversão.

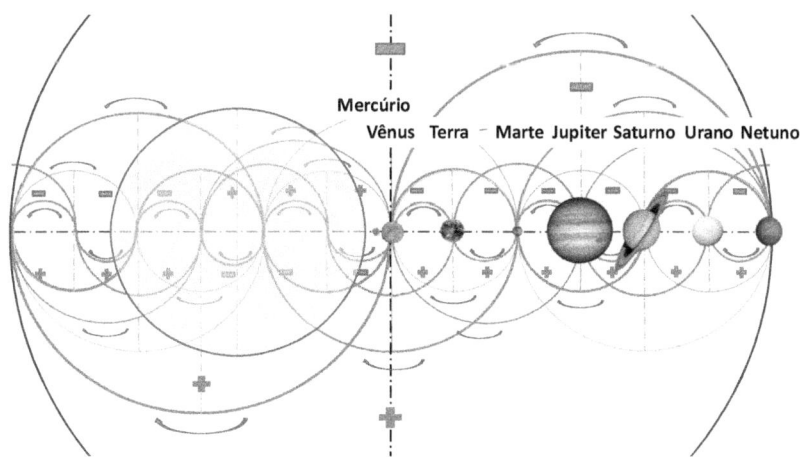

Nesse arranjo, o Sol não ocupava o centro do sistema principal; em vez disso, estava posicionado fora do eixo temporal central. Ao fundir os sistemas, tornou-se evidente que o Sol, assim como os planetas, tinha uma órbita definida.

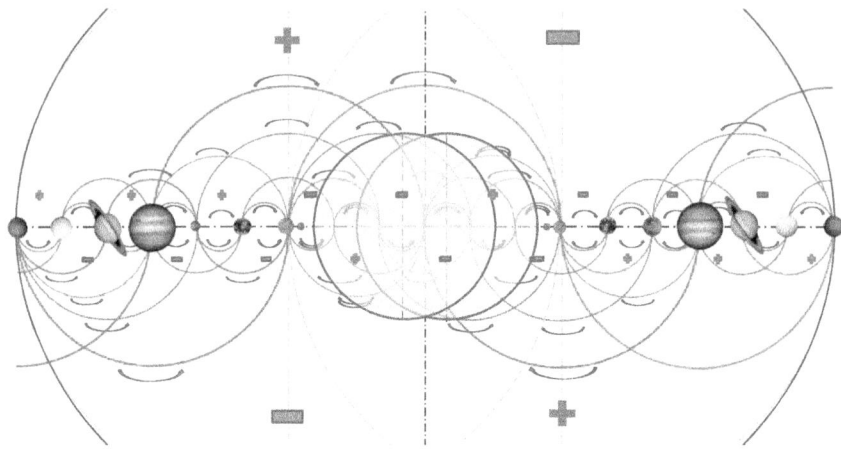

No entanto, uma peça crucial ainda estava faltando: a gravação associada à força eletromagnética. Observando a sequência dos planetas, Ethan constatou que eles se encontravam posicionados dentro do sistema acústico, iniciando por Netuno e finalizando por Vênus. Faltava entender o que diferenciava a posição de Mercúrio, já que ele não parecia pertencer à frequência sonora como os outros planetas. Nesse momento, ele lembrou das linhas de interações ligadas aos ultrassons encontradas na zona eletromagnética, explicando assim a posição de Mercúrio.

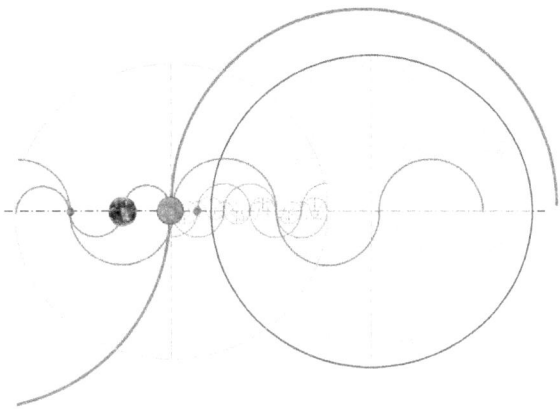

Para concluir sua análise, Ethan precisava associar uma frequência específica a cada planeta. Ao analisar Urano, ele notou que sua órbita era influenciada pela gravação da força eletromagnética.

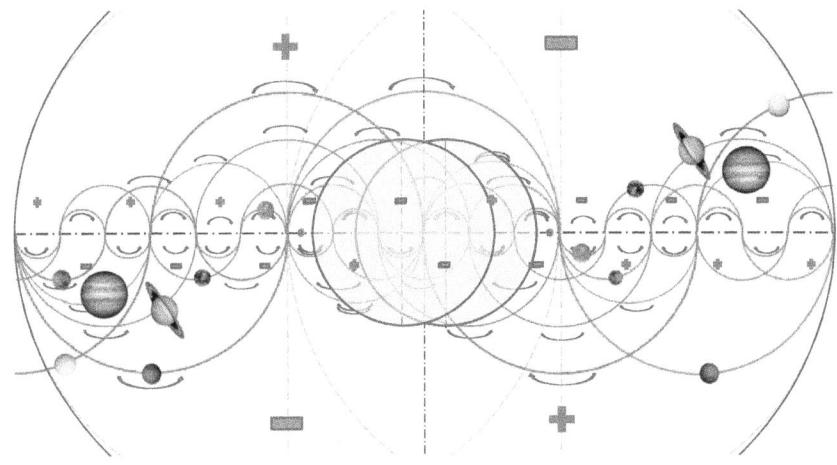

As notas musicais

Para determinar qual nota correspondia a cada planeta, Ethan conjecturou que a primeira gravação, representando o sistema, poderia ser associada ao "Dó". Este sistema, composto por dois elementos e abrangendo oito zonas, tinha o comprimento de onda mais extenso. Sendo uma nota grave na escala musical, sua correspondência com Netuno parecia coerente.

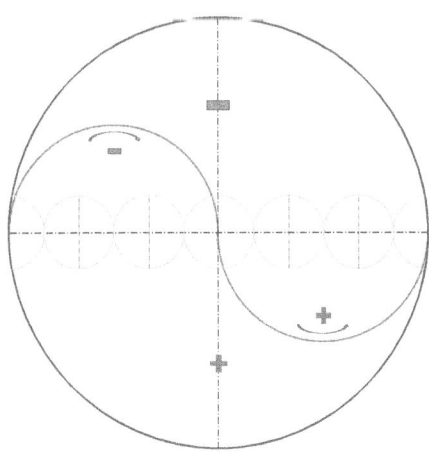

A segunda nota, o "Ré", seria relacionada à gravação proveniente da força eletromagnética. Embora compartilhasse o mesmo comprimento de onda, essa gravação se intercalava por meio sistema, totalizando 8 zonas. Assim, Ethan fez a associação com Urano.

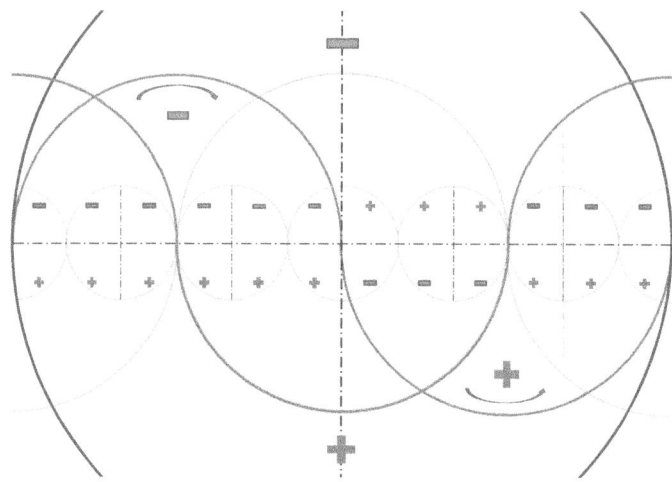

A terceira gravação, identificada como o "Mi", derivava de três sistemas, abrangendo 12 zonas e conectada a Saturno.

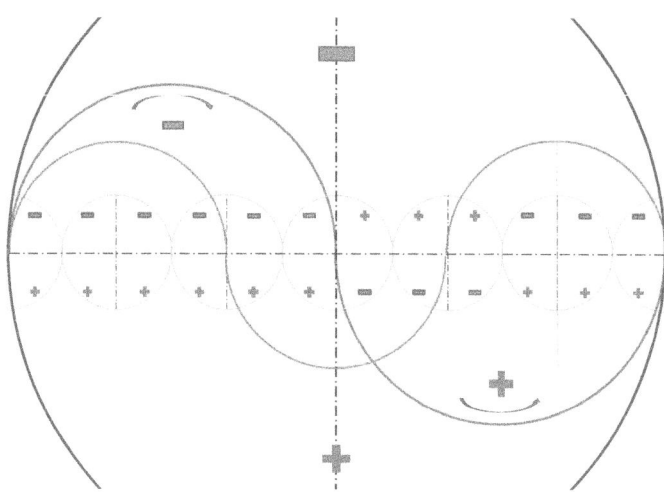

A quarta gravação, designada como o "Fá", elevou ainda mais a frequência. Resultante de quatro sistemas e totalizando 16 zonas, Ethan a relacionou a Júpiter.

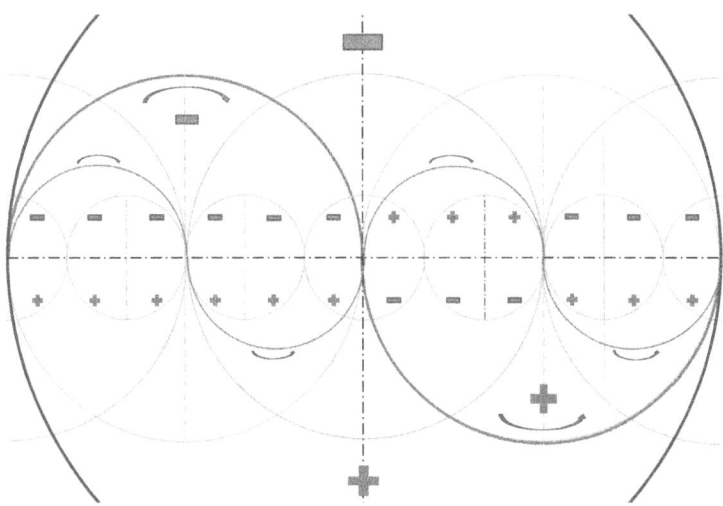

A quinta gravação, o "Sol", abrangia meio sistema mais cinco sistemas e meio, somando 24 zonas. Ethan identificou sua interação com Marte.

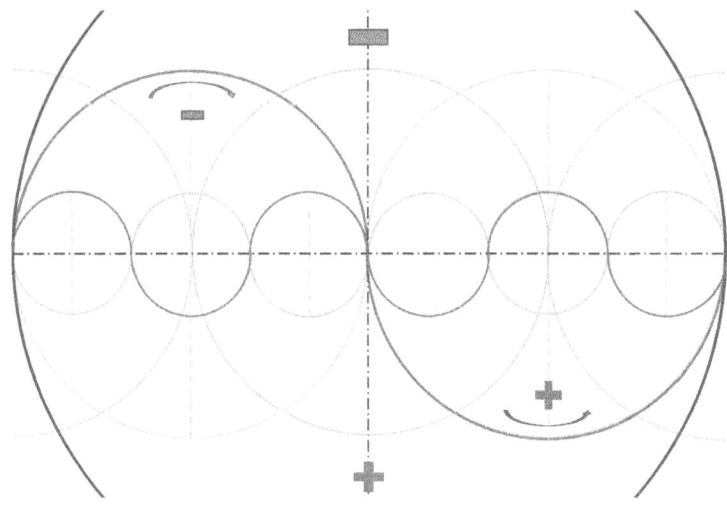

A sexta gravação, o "Lá", possuía semelhanças com o "Ré". Composta por seis sistemas e totalizando 24 zonas, essa gravação influenciaria a Terra.

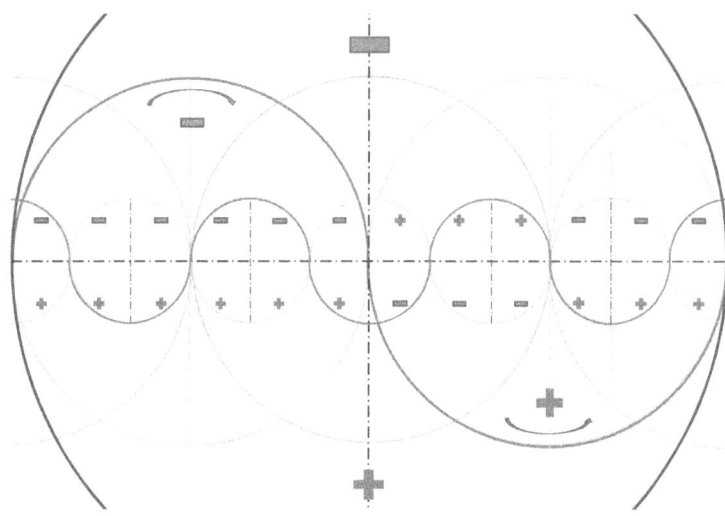

Por fim, a sétima e última gravação, o "Si", vinculava-se a Vênus. Iniciando com meio sistema e finalizando com meio sistema, passando por cinco sistemas no meio, totalizava 6 sistemas e 24 zonas.

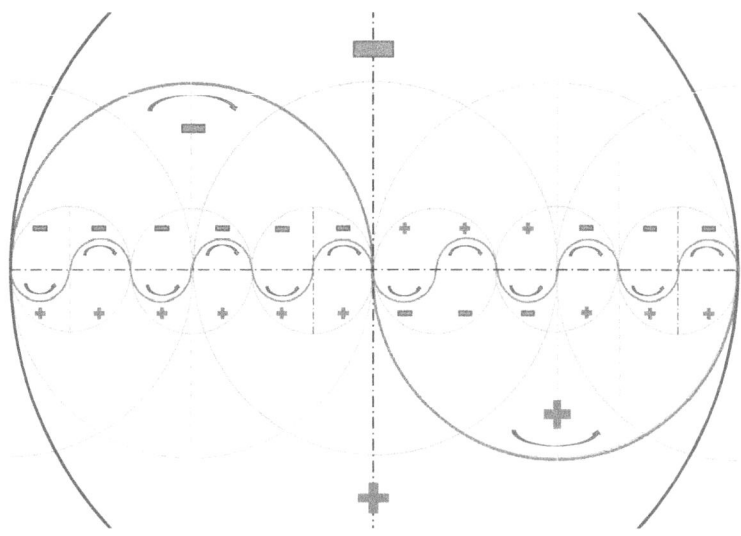

Explicar a posição de Mercúrio foi um desafio. Ethan notou um padrão: entre certas notas, havia um deslocamento de meio sistema na onda. Isso ocorria entre a primeira e a segunda nota, a terceira e a quarta, e a quinta e a sexta. Seguindo essa lógica, a próxima nota, o Dó agudo, começaria como uma gravação associada à força eletromagnética e teria início com meio sistema.

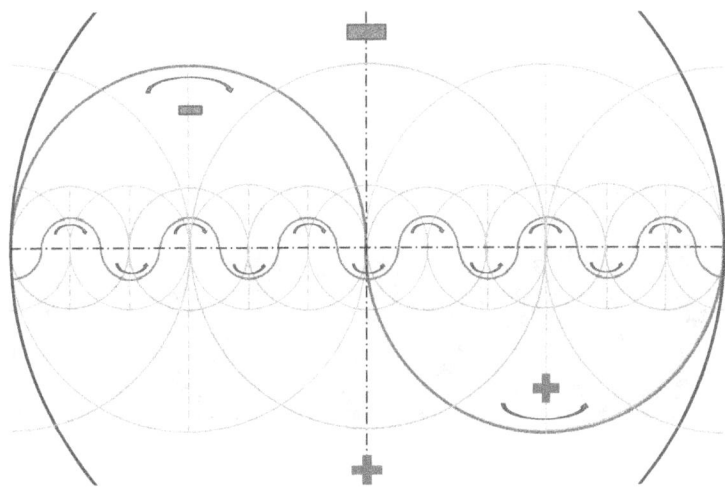

Ethan sentiu satisfação com o resultado. Meses de especulações sobre a localização de Mercúrio finalmente renderam frutos. Ele percebeu que a translação dos planetas estava intimamente conectada à frequência das notas da gravação cósmica. A ordem e a posição dos planetas poderiam influenciar sua rotação, de acordo com a frequência encontrada na disposição dos planetas.

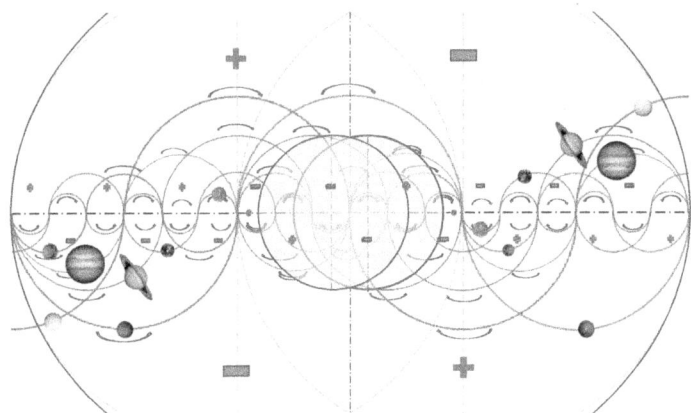

O que isso significa para nossa compreensão do cosmos? Talvez a harmonia musical e a organização dos planetas não sejam coincidência, mas sim uma prova da orquestração cósmica que permeia o universo.

A Dança das Esferas

Ethan concluiu que o Sistema Solar delineava uma coreografia composta por oito planetas, organizados em dois grupos: os sólidos, rápidos em suas órbitas, e os gasosos, mais serenos em seus movimentos. Ambos compartilhavam características fundamentais, seja em suas danças lentas ou rápidas.

	SOLIDAS				Cinturão de asteroides	GASOSA			Cinturão de Kuiper
	Mercúrio	Vênus	Terra	Marte	Jupiter	Saturno	Urano	Netuno	
Diâmetro	4.880 km	12.104 km	12.742 km	6.779 km	139.820 km	116.460 km	50.724 km	49.244 km	
Temperatura	430° 167° -170°		464°	15°	-62,77°	-145°	-178°	-224°	-214°
Translação	88 dias	225 dias	365 dias 6h00	687 dias	11,86 anos	29,46 anos	84 anos	164,8 anos	
Giro	56 dias	243 dias	23h56mn04s	24.6 h	9h55mn	10.7 h	17h14mn	16h00mn	
Eixo	0°	177,3°	23,4°	25,28°	3,1°	26,7°	Eixo horizontal 97,8°	28,3°	

Observando a sequência dos planetas, parecia evidente que a configuração não fazia sentido. Pela lógica, o tamanho dos planetas deveria seguir uma progressão do menor ao maior, mas não era isso que se observava. Para desembaralhar essa incógnita, Ethan decidiu iniciar um raciocínio simples. Primeiro, Ethan constatou que esse sistema começa em uma zona eletromagnética. Portanto, o segundo sistema, onde se encontram os planetas, só poderia ser um sistema acústico, iniciando pelos planetas sólidos representando a matéria, e o segundo sistema eletromagnético apresentando os planetas gasosos, exatamente como encontrado na sequência observada.

Sabendo que dentro de um sistema de tripla inversão, o sistema acústico deveria ter interações eletromagnéticas invertidas devido à sua configuração, que leva as interações na direção da zona eletromagnética, ou mais especificamente, do Sol. Dessa maneira, Ethan conclui que por cada sistema encontrado, o segundo sistema terá interações invertidas.

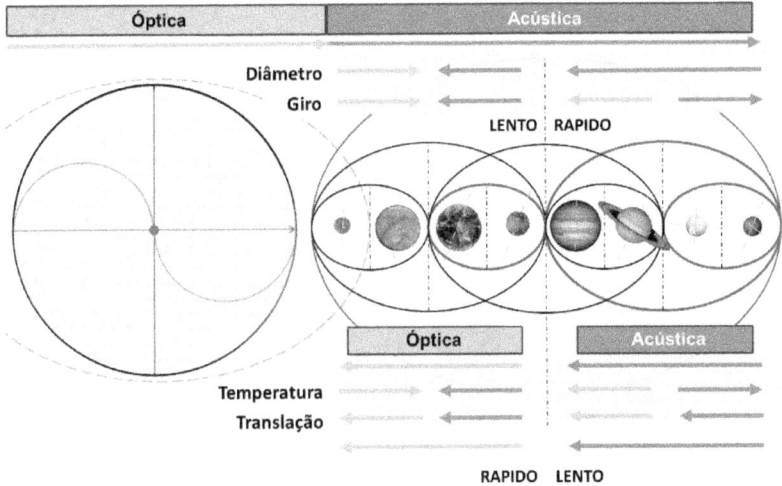

Observando os planetas sólidos iniciando por Mercúrio, Ethan imaginou que o planeta a seguir deveria ser um planeta de grande tamanho, sendo neste caso Vênus, o menor dos dois planetas de maior diâmetro. Por consequência, o segundo sistema secundário do sistema dos planetas sólidos deveria ser um sistema invertido e, desta vez, dentro de seus diâmetros, iniciando pela Terra com o maior diâmetro, e Marte como sendo o maior dos dois menores planetas. Essa lógica se evidencia ao analisar a orientação das interações tanto no diâmetro quanto no giro, assim como na variação de temperatura de cada um desses quatro planetas, formando dois sistemas em oposição.

Continuando seu raciocínio, observando o sistema secundário principal, Ethan concluiu que a sequência será do menor planeta ao maior, iniciando de fora para dentro, evidenciando porque Júpiter seria o primeiro na sequência e Netuno o último. Da mesma maneira que é o primeiro, podemos constatar esse fenômeno a partir da orientação das interações no diâmetro, no giro decorrente dos fenômenos acústicos, e da temperatura na parte das interações eletromagnéticas.

Ainda haveria mais uma inversão no segundo sistema secundário do sistema principal, envolvendo Urano e Netuno, onde se observa uma inversão tanto no giro quanto na temperatura. Em termos de translação, a sequência segue uma crescente de frequência, movendo-se do mais lento ao mais rápido, no sentido de fora para dentro.

Outra constatação é que, em um único sistema acústico, ocorrem interações tanto acústicas, representadas pelo diâmetro e pelo giro de cada um dos planetas, quanto eletromagnéticas, que interferem na temperatura e na translação.

Ainda restava compreender a distribuição das distâncias entre os planetas. Arredondando-as para números representativos do sistema, conclui-se que a primeira parte do sistema acústico estabelece uma relação com o número 5, posicionando cada planeta sólido a uma distância de 50 milhões de quilômetros entre si. Ou seja, 5 sendo o número principal da zona relacionada à matéria.

No caso dos planetas gasosos, observa-se que Júpiter está a 700 milhões de quilômetros do Sol. O próximo, Saturno, está a uma distância dobrada, ou seja, 1,4 bilhão de quilômetros do Sol. O próximo, Saturno, está posicionado ao dobro dessa distância, portanto, um bilhão e 400 milhões de quilômetros do Sol. Dessa vez, o raciocínio não é uma distância igual entre os planetas, mas sim a duplicação da distância entre cada planeta e o Sol. Seguindo essa lógica, o terceiro planeta, Urano, se encontra a 2 bilhões e 800 milhões de quilômetros do Sol.

Ainda restava entender a distância entre Netuno e o Sol, onde essa lógica não se aplica. A distância esperada seria de 5,6 bilhões de quilômetros; contudo, Netuno está a 4,5 bilhões de quilômetros, como ilustrado na figura a seguir.

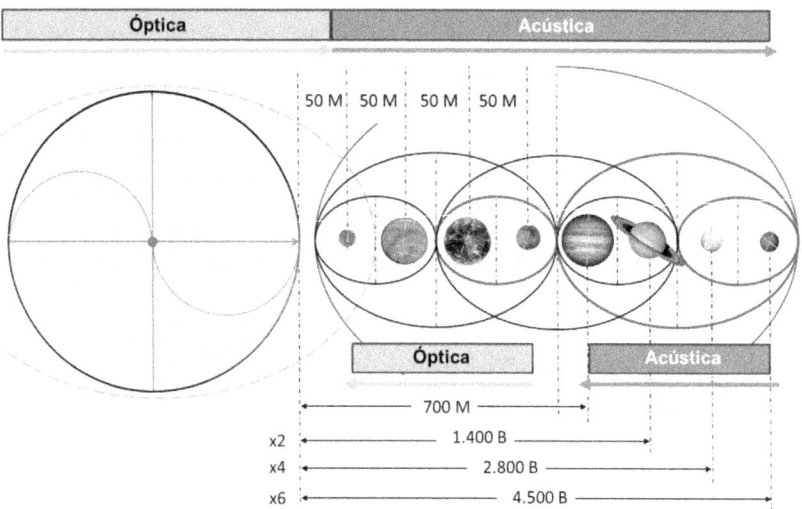

Nesse ponto, ainda era necessário compreender a relação do Sol com os outros planetas sólidos. Colocando o Sol na zona eletromagnética, conclui-se que essa região é intensamente quente, enquanto a zona da força gravitacional, sendo seu oposto, é extremamente fria. Assim, a segunda zona de interações invisíveis seria caracterizada pelo frio, enquanto a segunda zona de interações visíveis apresentaria uma natureza quente.

Nessa configuração, percebe-se que Mercúrio, tal como a Lua em relação à Terra, é influenciado pela zona gravitacional e pelas interações eletromagnéticas. No caso de Mercúrio, essa influência justifica sua temperatura de -170°C no lado escuro, apesar de estar tão próximo ao Sol, enquanto o lado iluminado atinge aproximadamente 430°C.

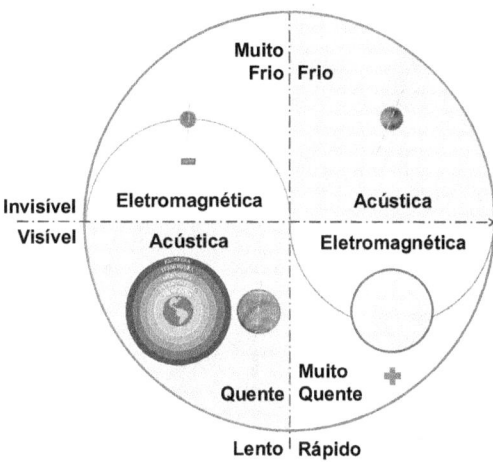

Para avançar em sua investigação, Ethan organizou os planetas em seus respectivos sistemas e zonas. A configuração estabelecida, com base no sistema acústico, inicia-se com planetas de translação lenta, caracterizados pelos planetas gasosos, e planetas de translação rápida, representados pelos planetas sólidos.

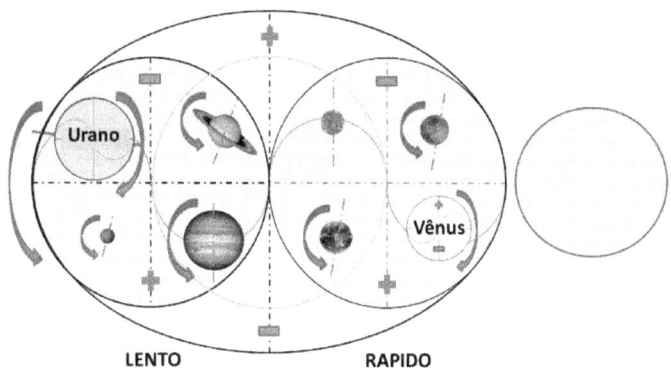

Com as informações reunidas, conclui-se que Vênus localiza-se na zona eletromagnética, justificando sua elevada temperatura de 460°C. Nesse contexto, Vênus gira em sentido contrário ao dos demais planetas, fenômeno conhecido como rotação retrógrada. Coerentemente, a Terra se situa na zona quente, com uma média de 15°C, enquanto Marte encontra-se na zona fria, com -62°C.

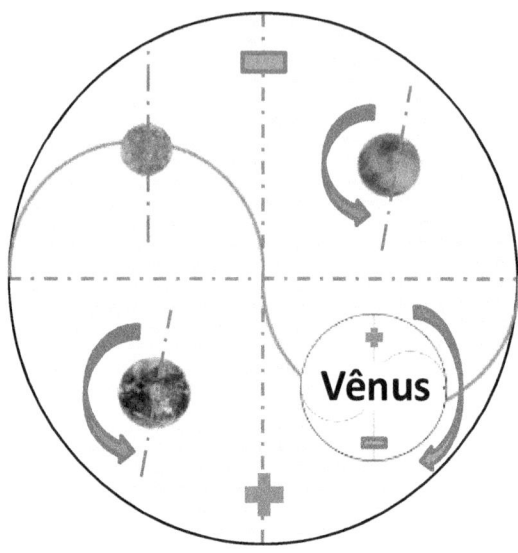

Desvendar por que Urano possui um giro retrógrado e uma órbita tão inclinada revela um desafio ainda mais complexo. Após meses de intensa dedicação, Ethan acreditava ter, enfim, desvendado o enigma. Observando o sistema das interações lentas, verifica-se que Júpiter se encontra na zona eletromagnética, justificando por que é o planeta mais quente, com temperatura média de -145°C e um período de translação de 12 anos. Dentro da sequência das temperaturas, Saturno apresenta uma temperatura mais fria, de -178°C.

Quanto às temperaturas, Urano e Netuno exibem valores similares, mesmo com suas distintas distâncias em relação ao Sol. A explicação para tal fenômeno está no fato de que, para esses gigantes gasosos, a fonte de calor interno desempenha um papel mais relevante do que a influência solar. Assim, as diferenças de temperatura entre eles são mínimas: Urano possui uma média de -224°C, enquanto Netuno registra -214°C.

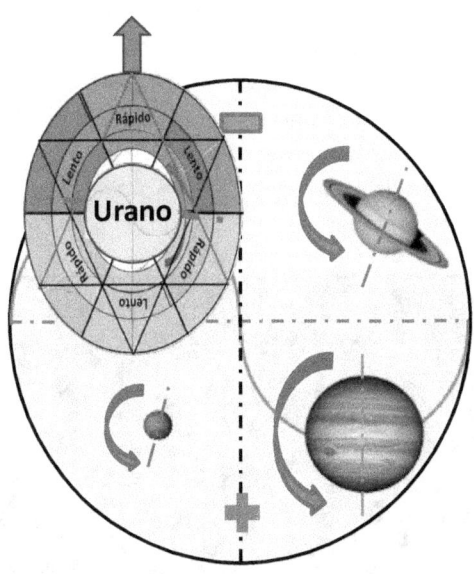

Combinando essa revelação com a posição sequencial de Urano no grupo de planetas mais estáveis, Ethan deduziu que ele ocupa a zona em ressonância com a força eletromagnética, estando sob sua influência ascendente. Esse fenômeno justifica tanto a inclinação de seu eixo quanto a harmonia que conduz sua rotação inversa singular.

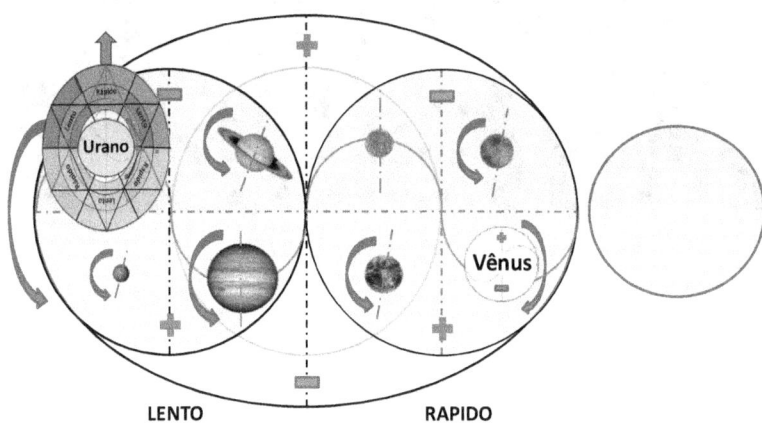

Uma característica fascinante logo se revela aos olhos de Ethan: um sistema sonoro composto por duas configurações, cujo ritmo remete à propagação das ondas. Ele identificou uma conexão singular entre o grupo estável e o grupo dinâmico de planetas, como se uma nova dimensão se desvelasse, ampliando sua percepção das interconexões cósmicas. Em um momento de inspiração, Ethan aplicou o padrão oculto da zona negativa, completando o complexo quebra-cabeças do sistema de tripla inversão. Ele estava prestes a desvendar os mistérios mais profundos do Sistema Solar.

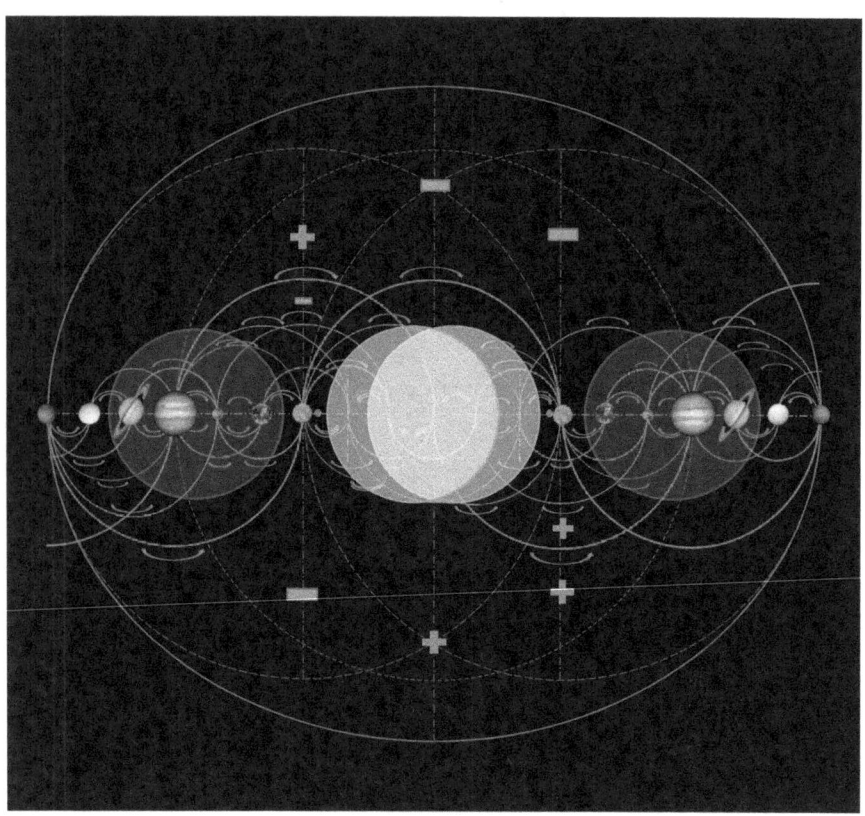

Linhas de interação cósmica

Ethan direciona sua atenção para as intrincadas conexões cósmicas, representadas pelas linhas de interconexão. Primeiramente, ele compila os resultados de seu estudo, identificando um padrão intrigante de tripla inversão.

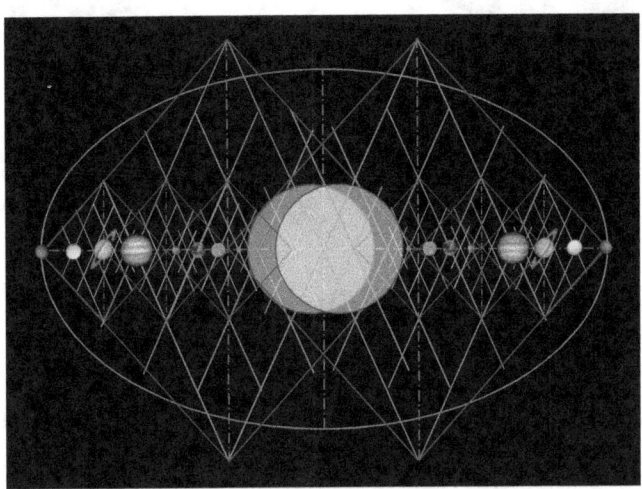

Assim, ele contextualiza o sistema principal.

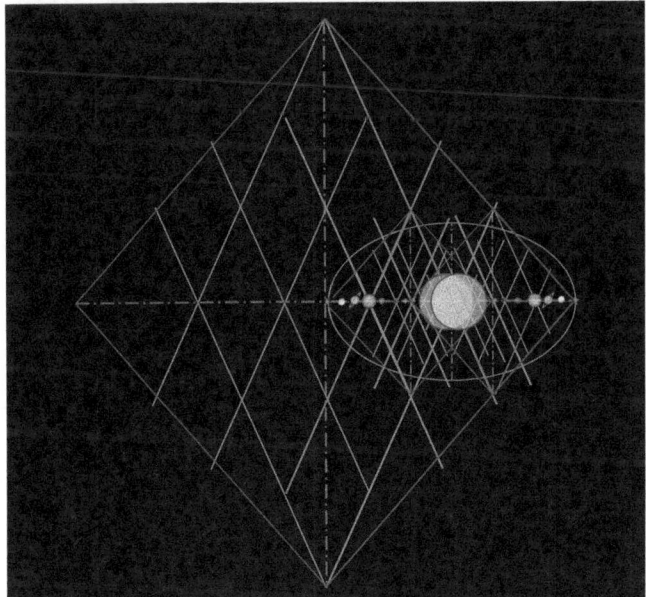

Sua atenção então se volta para a Terra, ponderando que seu interior também parece ser estruturado por inversões triplas.

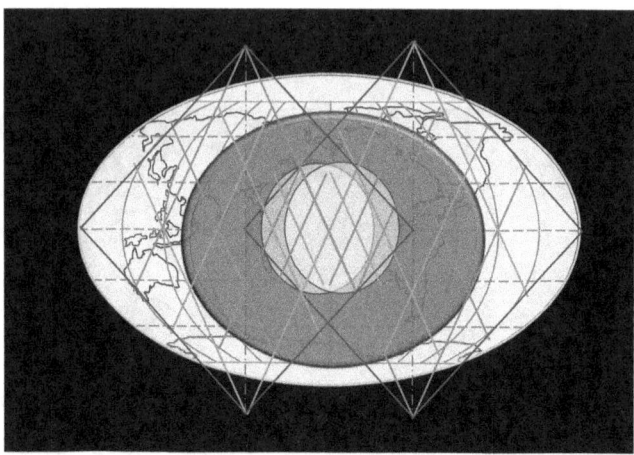

A sequência das interconexões revela uma semelhança notável com a configuração do Sistema Solar. Um insight surpreendente surge: é possível imaginar nosso planeta movendo-se em sincronia com essa teia de linhas cósmicas.

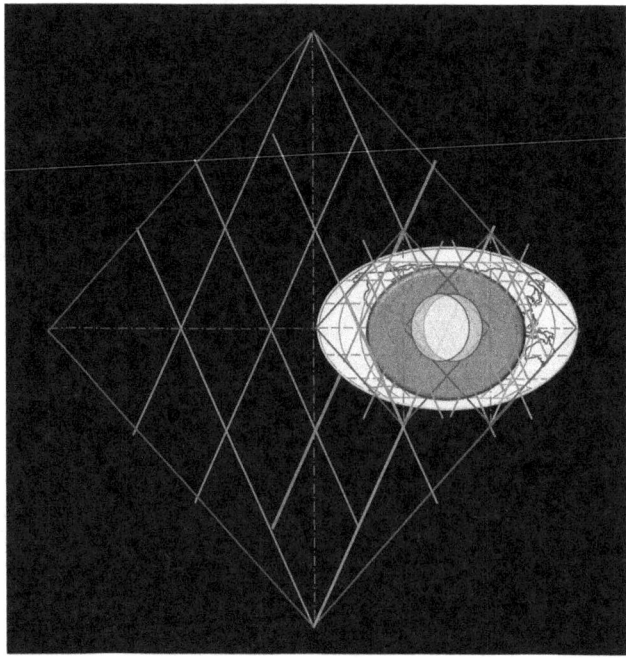

Com esses dois resultados em mãos, Ethan começa a especular sobre a possível interconexão entre esses sistemas.

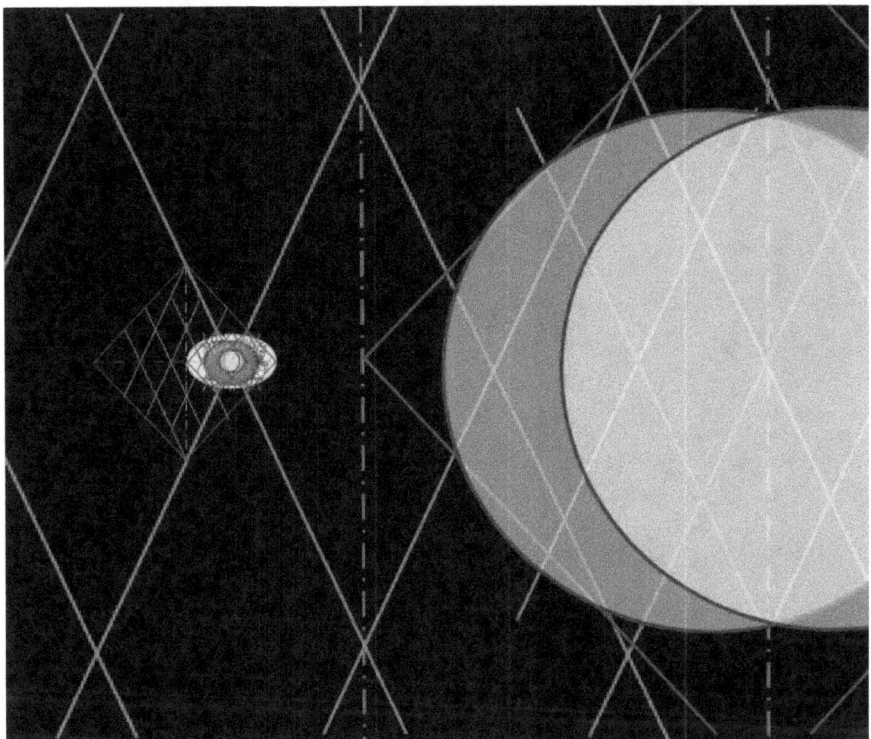

Para desvendar o enigma do alinhamento planetário em um plano comum, Ethan revisita o sistema eletromagnético, representado graficamente como um quadrado. Inicialmente, esse sistema parecia ter uma configuração peculiar: a única região associada à luz localizava-se na segunda metade do sistema, ocupando um terço de toda a zona. Compreendendo que a força eletromagnética resulta diretamente do movimento da partícula, Ethan deduziu que essa força deve ser equilibrada por meio desse mesmo movimento, garantindo a estabilidade do sistema ao se ancorar na polaridade negativa do sistema universal.

Analisando a dinâmica das interações na zona luminosa, uma hipótese começa a se delinear: um sistema análogo ao Sistema Solar apresentaria estabilidade interna. Os planetas, sendo corpos de natureza negativa (pois não emitem luz), posicionam-se entre duas zonas positivas. Por outro lado, o Sol, como uma força eletromagnética de polaridade positiva, se equilibraria entre duas zonas negativas.

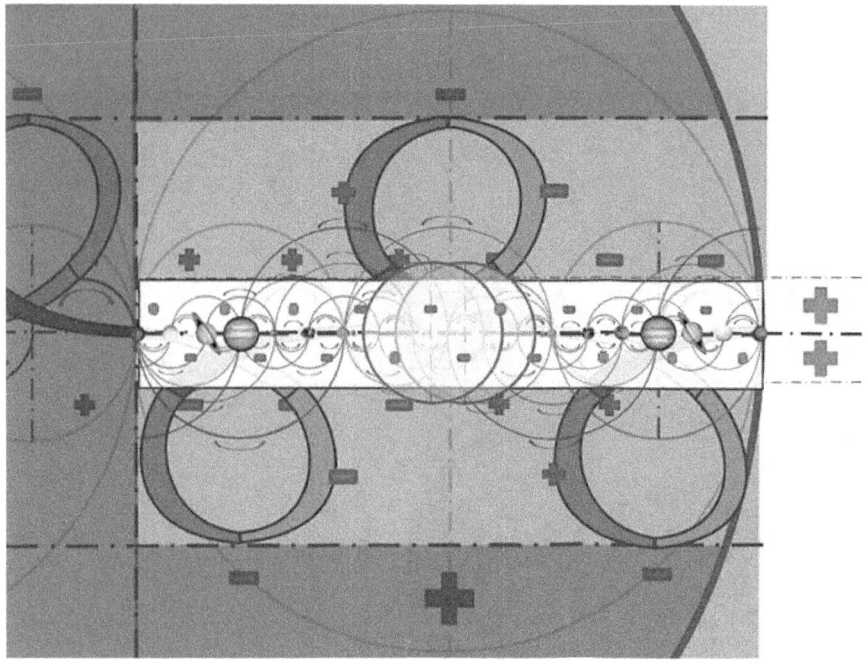

Conclusão

Em sua jornada para desvendar os mistérios do Sistema Solar, Ethan não apenas mapeou a coreografia complexa dos planetas, mas também identificou padrões de interações cósmicas que reverberam através do espaço. Com base nas descobertas sobre as inversões triplas e as interconexões entre os sistemas acústico e eletromagnético, Ethan expandiu nossa compreensão sobre as interligações que sustentam a estrutura do nosso sistema planetário.

Em última análise, a imagem que se revela não é apenas a de planetas orbitando, mas a de um sistema dinâmico onde forças invisíveis, como a gravidade e o eletromagnetismo, tecem uma intricada rede de interações. Essa investigação não apenas ressalta a beleza e a complexidade intrínsecas do Sistema Solar, mas também pavimenta o caminho para novas explorações acerca de como essas forças moldam tanto os corpos celestes quanto o próprio planeta Terra.

Com os dados em mãos e as conexões delineadas, Ethan reforça a ideia de que há uma harmonia intrínseca permeando o cosmos, na qual cada planeta, independentemente de sua distância, contribui para a construção de um tecido cósmico que desafia nossa compreensão e fomenta novos questionamentos.

Da Partícula ao Cosmos: A Jornada em Busca da Compreensão das Interações Universais

Ainda havia uma questão que necessitava de resposta: como se correlacionariam os gabaritos identificados com as características observadas no sistema solar?

Levando em conta que todos os sistemas operam de maneira similar, independentemente do objeto de análise, torna-se evidente que a resposta pode ser encontrada a partir da explicação formulada desde o início. Analisemos o percurso da partícula dentro do sistema principal. Dessa forma, podemos supor que as influências na zona da força nuclear fraca, desencadeadas pela partícula, representariam a matéria, exercendo influência direta sobre o diâmetro.

Para contextualizar, a força atômica fraca é uma das quatro forças fundamentais da natureza e é responsável por certos tipos de decaimento radioativo. Neste caso, a partícula influencia o diâmetro dentro deste sistema.

O próximo estágio, impulsionado pelo movimento da partícula, é a geração do som na zona da força nuclear forte. Essa força é responsável por manter prótons e nêutrons coesos no núcleo atômico. O som, audível nessa região, emerge das oscilações de frequência da partícula e influencia diretamente a rotação do sistema.

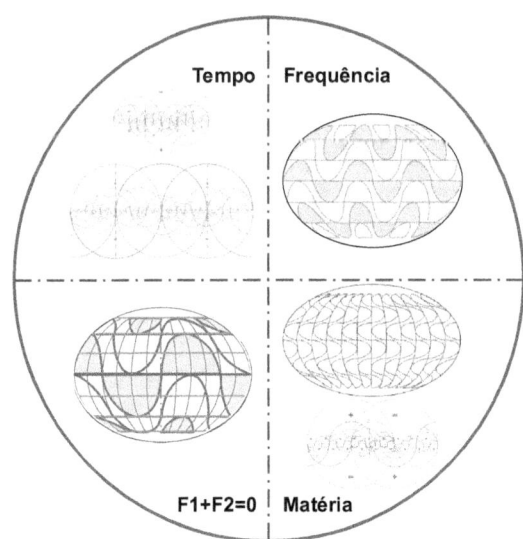

145

Na sequência, identificam-se os ultrassons, que se manifestam exclusivamente na zona eletromagnética. Os ultrassons, em conjunto com o sistema de tripla inversão (uma técnica especializada a ser abordada posteriormente), exercem influência sobre a distribuição de calor. A zona eletromagnética diz respeito a interações que englobam campos elétricos e magnéticos, sendo essenciais para o comportamento da luz e de outras formas de radiação.

Agora, examinemos as interações na zona gravitacional. A travessia da partícula nessa zona gera uma sinfonia acústica completa que regula a translação. Nesse contexto, a gravidade, força responsável por atrair dois corpos entre si, exerce um papel determinante.

Finalmente, restava a sinfonia cósmica completa, que determina as distâncias no universo, como uma orquestra onde cada instrumento desempenha seu papel para criar uma harmonia perfeita.

Conclusão

- Resumo das Descobertas:

  o Ethan revela um padrão de tripla inversão nas conexões cósmicas.

  o Ele identifica semelhanças entre as interconexões cósmicas e o Sistema Solar.

  o O equilíbrio das forças eletromagnéticas e a estabilização do Sistema Solar são discutidos.

- Pontos-chave:

  o Identificação de padrões de tripla inversão.

  o Semelhança entre conexões cósmicas e o Sistema Solar.

  o Equilíbrio das forças eletromagnéticas.

Glossário

- **Tripla Inversão:** Um padrão onde as interações dentro de um sistema são invertidas três vezes.

- **Sistema Eletromagnético:** Sistema baseado em interações de campos elétricos e magnéticos.

- **Zona Luminosa:** Parte do sistema onde a luz está presente.

Conclusão da Seção

Ethan conclui que o Sistema Solar e as conexões cósmicas compartilham um intricado padrão de interações. O equilíbrio das forças eletromagnéticas mantém a estabilidade do Sistema Solar, com os planetas posicionados entre zonas positivas e o Sol equilibrado entre zonas negativas. Essa descoberta reforça a harmonia intrínseca do cosmos, onde cada elemento contribui para a sinfonia universal.

Capítulo 6

O Tecido Cósmico:
Explorando as Interconexões Universais

"Não posso acreditar que o mesmo
Deus que nos deu sentidos, razão e intelecto
quis que deixássemos de usá-los."

Galileu Galilei

O Tecido Cósmico: Explorando as Interconexões Universais

O universo, com sua vastidão e complexidade, sempre foi um convite à curiosidade humana. Cada estrela, galáxia e aglomerado conta uma história, tecendo uma tapeçaria cósmica que abrange milhões de anos-luz. Neste capítulo, Ethan nos conduz por uma jornada através das maiores estruturas do cosmos, revelando a intrincada dança das galáxias e as forças que moldam o universo.

Desde o nosso Sistema Solar, passando pela majestosa Via Láctea, até os imponentes superaglomerados, a exploração de Ethan nos leva a compreender as interconexões e padrões que governam esses sistemas. Utilizando as ferramentas e métodos que desenvolveu ao longo de suas investigações, ele desvenda a sinfonia cósmica que rege o movimento e a interação das galáxias.

Este capítulo é uma homenagem ao espírito de exploração e descoberta, onde cada nova compreensão abre portas para mistérios ainda mais profundos. Acompanhe Ethan enquanto ele desvenda os segredos do Grupo Local, do Superaglomerado de Virgem e de Laniakea, expandindo nossa visão do universo e nos aproximando da essência de sua harmonia eterna. Ao final desta jornada, não apenas teremos uma visão mais clara de nossa posição no cosmos, mas também uma apreciação mais profunda da grandiosidade do universo e das forças invisíveis que o mantêm unido.

Vizinhança Interestelar

O conceito de "Vizinhança Interestelar" permanecia vívido na mente de Ethan. Esta expressão engloba a vasta região espacial que envolve nosso Sistema Solar, estendendo-se por dezenas de anos-luz. Esta área é apenas uma pequena parte do Braço de Órion, que representa uma fração ínfima da grandiosidade da Via Láctea.

Ethan soube que essa região celeste abriga nuvens de gás, muitas originadas de supernovas remotas. Nosso Sistema Solar está atualmente atravessando uma dessas nuvens, conhecida como Nuvem Interestelar Local. Contudo, essa região é um complexo composto por gás, partículas carregadas, poeira e campos magnéticos. Apesar de sua tênue constituição, esses elementos interagem ao longo de vastas extensões, especialmente quando influenciados por luz e radiação.

Ethan descobriu uma "bolha" envolvendo nosso Sistema Solar. Essa bolha, composta por gás de baixa densidade e alta temperatura, possivelmente derivada de supernovas ocorridas há cerca de 20 milhões de anos. Com aproximadamente 300 anos-luz de diâmetro, essa bolha está cercada por uma densa região gasosa, semelhante a um "paredão" protetor.

Compreender essa paisagem interestelar é fundamental não só para entender o ambiente próximo ao nosso Sistema Solar, mas também para o planejamento de futuras missões interestelares e para a compreensão das condições predominantes em diversas partes da Via Láctea. Ethan está ciente de que a exploração desses elementos abrirá novos horizontes no campo da exploração espacial.

Seu próximo passo será sondar a zona de influência gravitacional do Sol. Ethan reconhece as limitações de seus recursos atuais, mas está decidido a seguir adiante. Mesmo com dados rudimentares à disposição, eles servirão como base para construir entendimentos mais profundos e refinar seus resultados. Com essa determinação, Ethan mergulha incansavelmente na busca por compreender as complexidades cósmicas.

Sem perder tempo, ele repete o mesmo processo utilizado com o Sistema Solar, aplicando-o agora à "Vizinhança Interestelar", onde o Sol está no centro deste sistema de triplas inversões.

Quando a sinfonia de triplas inversões é aplicada ao sistema, a visão que se desdobra diante de Ethan é impressionante. Cada estrela e cada aglomeração parecem interligadas por linhas de interação, um padrão que se repete em cada novo sistema. É como se essas estrelas estivessem distribuídas ao longo dessas frequências, suspensas em um intrincado padrão cósmico.

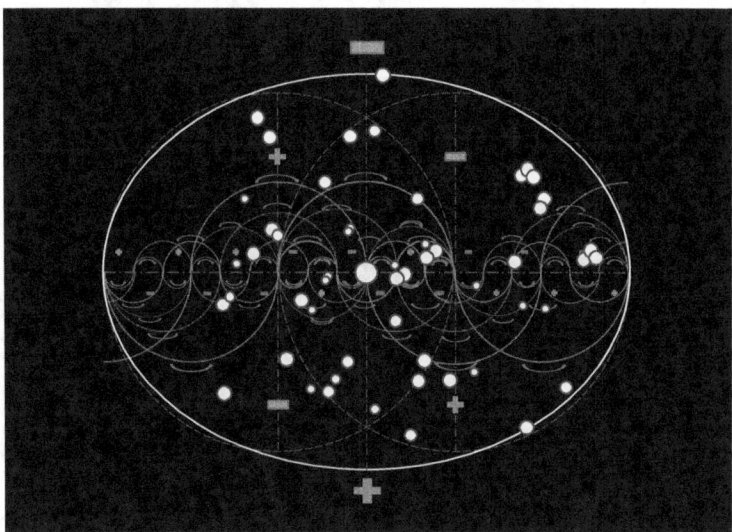

Essa descoberta leva Ethan a imaginar que cada um dos gabaritos, com suas respectivas interações, influencia a configuração e o posicionamento das estrelas e aglomerações. Seguindo a sequência que encontrou, ele posiciona o gabarito dos infrassons para determinar os diâmetros.

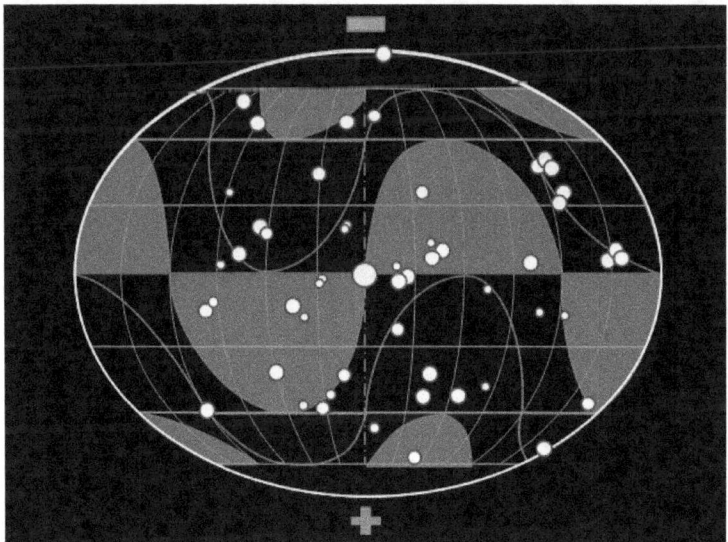

Assim como a sinfonia das triplas inversões, o gabarito apresenta configurações que demonstram sua influência no posicionamento das linhas de interação e das aglomerações nas zonas mapeadas para os infrassons.

Seguindo o mesmo processo, ele rapidamente posiciona o gabarito do som, onde é possível observar a repetição do padrão, com a matéria parecendo estar conectada às suas respectivas linhas de interação. Nesse contexto, a interação influenciaria a rotação.

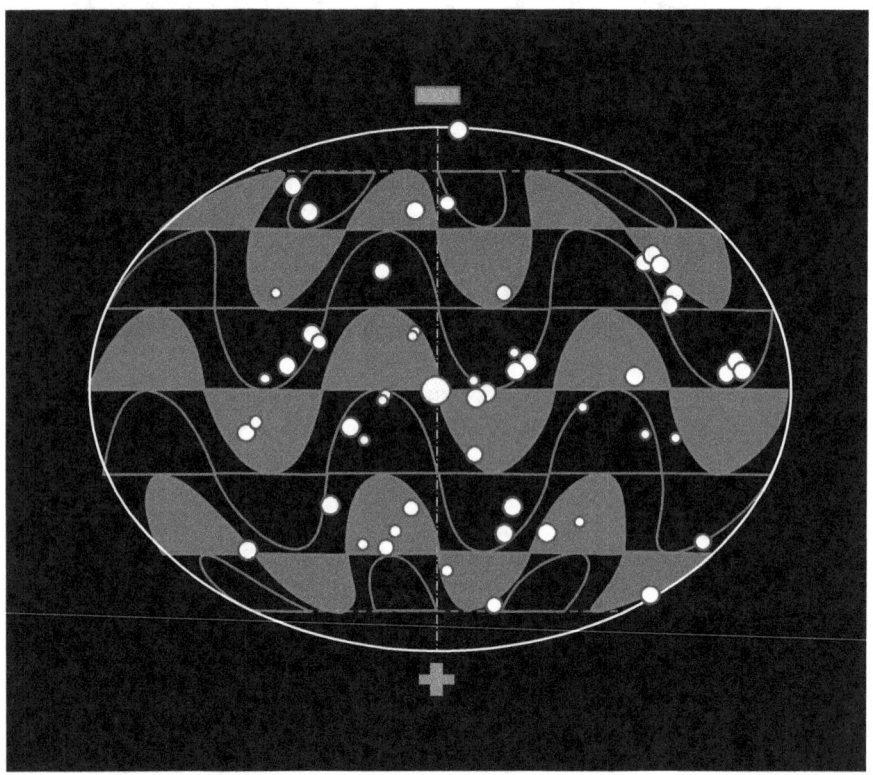

Ethan nota que o número de estrelas e aglomerações conectadas às linhas de interação aumentou em comparação com o gabarito das inflações, formando uma nova sequência de aglomerações que não haviam sido conectadas no gabarito anterior.

Eufórico com sua descoberta, ele imagina ter encontrado a lógica por trás da posição de cada uma dessas aglomerações e decide procurar o último gabarito relacionado ao ramo acústico para posicioná-lo no mesmo lugar dos dois gabaritos anteriores.

Ciente de que este gabarito influencia a distribuição de calor e serve como referência para o posicionamento de todas as estruturas na Vizinhança Interestelar.

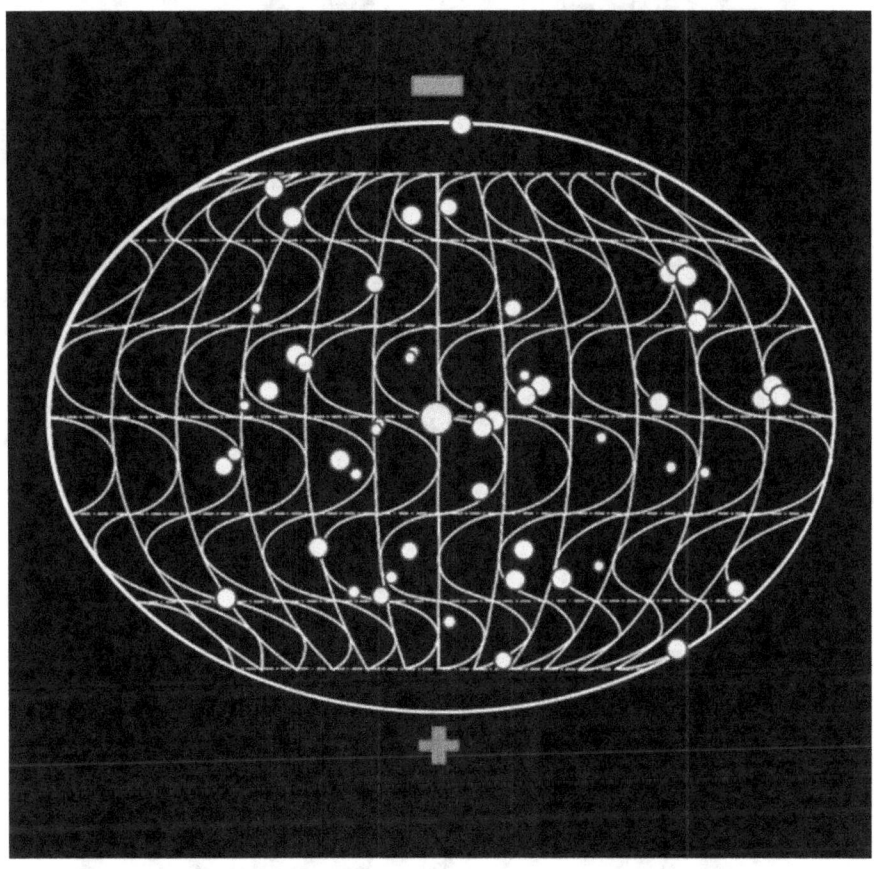

A sensação é semelhante às guirlandas de Natal, onde cada luz está conectada ao seu fio condutor, assim como cada linha de interação mapeada no gabarito. O espetáculo e a quantidade de correspondências indicam claramente a influência que cada um desses gabaritos exerce no sistema principal.

Na sequência dos gabaritos, o próximo seria o gabarito das linhas de interação da sinfonia cósmica acústica, que influencia a translação dos planetas. Assim como os outros gabaritos, ele apresenta ligações com sóis e aglomerações, e Ethan constata uma quantidade significativa interagindo com as linhas de amarração definidas pela sinfonia acústica.

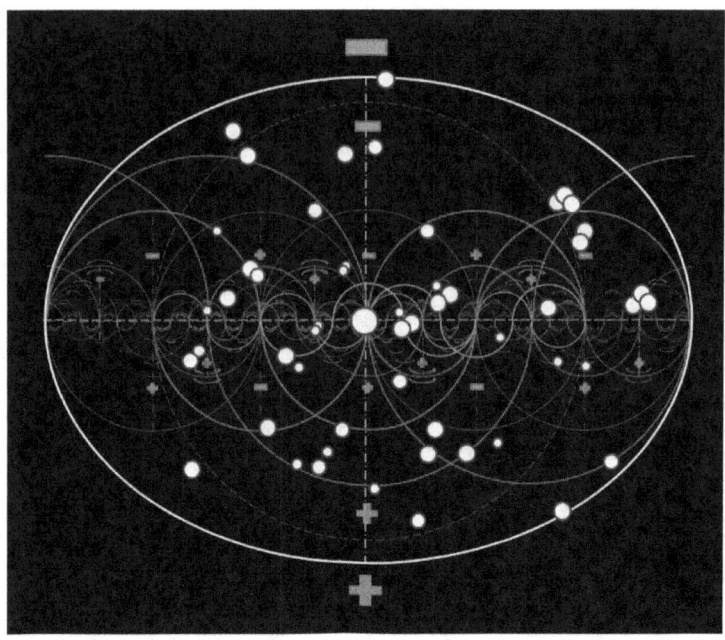

A última sinfonia a ser verificada é a sinfonia cósmica do percurso completo da partícula, responsável por definir as distâncias.

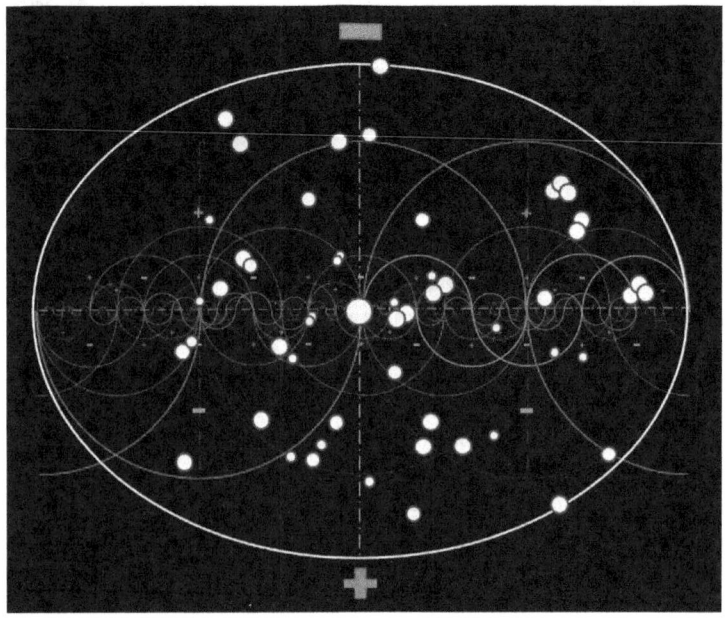

Para se certificar de que não estava alucinando, Ethan recorre ao gabarito das linhas de interconexão, onde cada um dos sóis e aglomerações do sistema parece estar ancorado em uma dessas linhas, chegando a apresentar padrões de alinhamento entre diversos desses sóis e aglomerações.

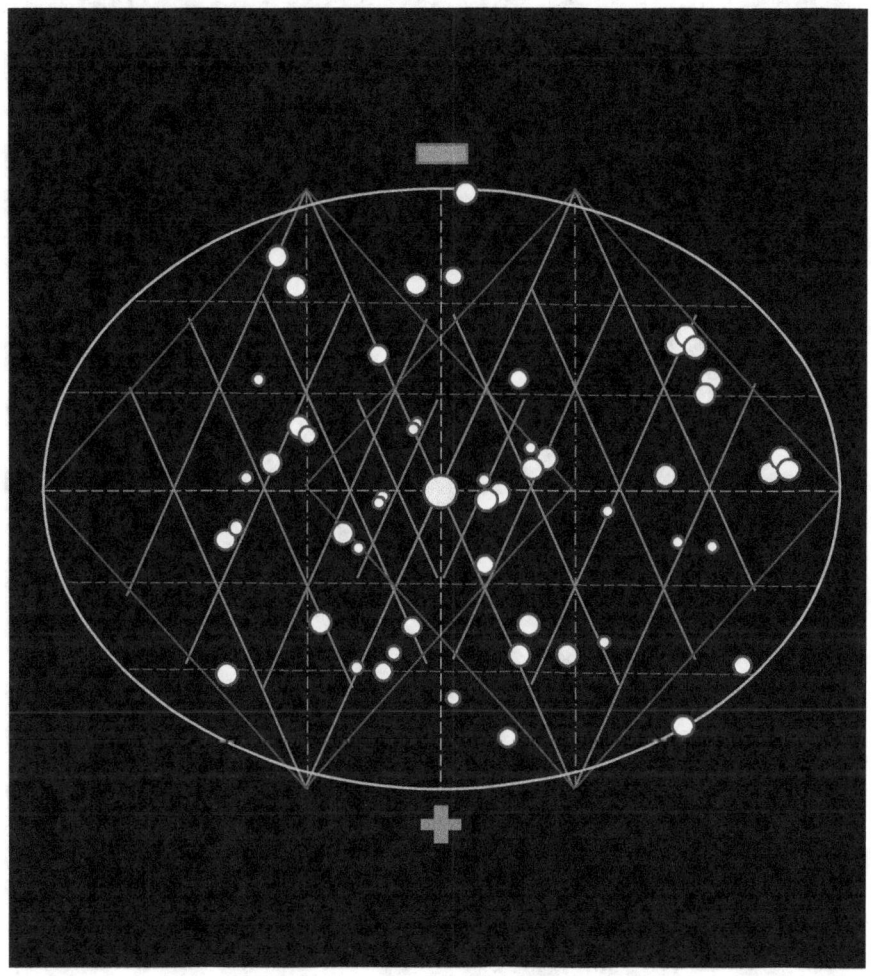

Ethan não pretende descansar até montar o sistema por completo, usando o gabarito das linhas de amarração do sistema de tripla inversão e, por fim, consolidando-o no sistema principal.

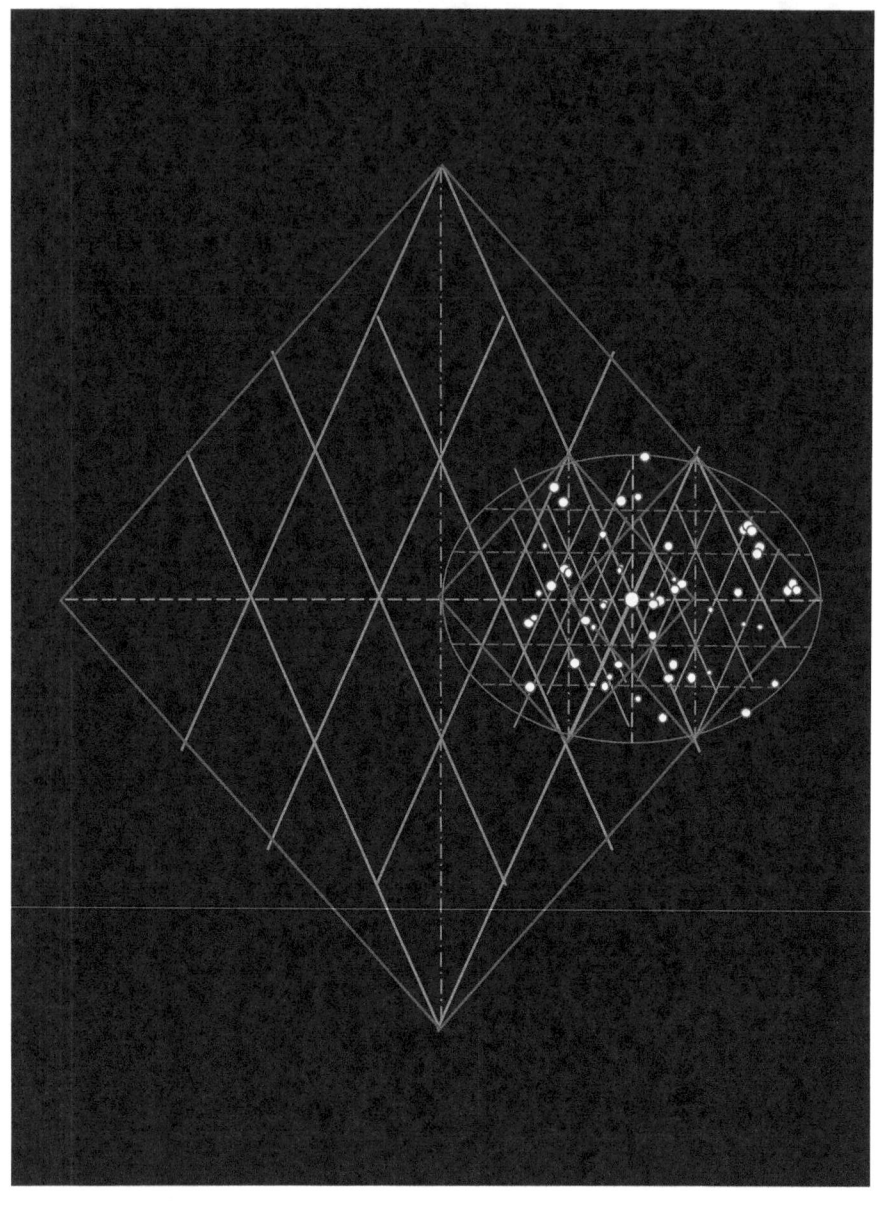

A via lactea

Ethan despertou com uma expectativa palpável. Ainda imerso nas revelações obtidas durante sua investigação do Sistema Solar, ele pressentia que este seria um dia memorável, uma oportunidade para interagir com um sistema cósmico de proporções ainda mais grandiosas. O fascínio e o mistério desse sistema continuavam a envolvê-lo, como um convite irresistível para desvendar os segredos mais profundos do universo.

Os espetaculares braços espirais da Via Láctea — Perseu, Sagitário, Centauro e Cygnus — se estendiam majestosamente por uma vastidão colossal, com um diâmetro impressionante de 100.000 anos-luz e uma espessura de 80.000 anos-luz. O núcleo central, um ponto de referência essencial, estende-se por aproximadamente 30.000 anos-luz no eixo norte-sul e 40.000 anos-luz no sentido equatorial.

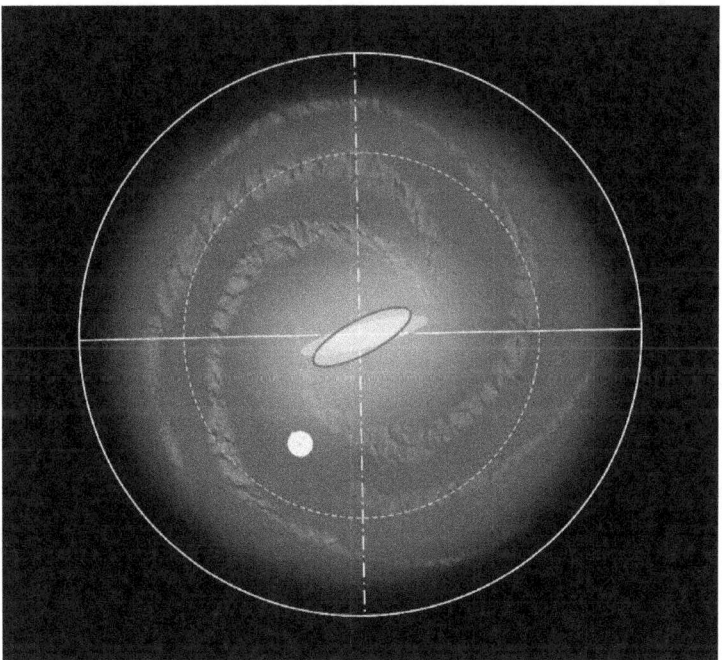

A Via Láctea integra o Grupo Local, um conjunto de mais de 50 galáxias interligadas. Esse grupo é parte do vasto Superaglomerado de Virgem, que, por sua vez, compõe o ainda maior Superaglomerado Laniakea — uma estrutura de escala verdadeiramente avassaladora.

Uma aura de mistério circunda a Via Láctea, pois acredita-se que ela esteja envolta em um halo de matéria escura, uma substância enigmática que permanece invisível e não emite luz ou energia. Entretanto, sua influência gravitacional é profunda, desempenhando um papel essencial na estabilidade e no movimento rotacional da galáxia.

Com uma estimativa de idade do Universo de cerca de 14 bilhões de anos terrestres, os Mestres do Conhecimento sustentam a crença de que a majestosa Via Láctea e outras galáxias grandiosas foram meticulosamente esculpidas ao longo de bilhões de anos. Elas emergiram da fusão e captura gradual de galáxias menores, cada uma dessas anãs cósmicas sendo uma joia única, possuindo centenas ou até milhares de vezes menos estrelas em comparação à nossa própria Via Láctea.

O universo convidava Ethan — e a todos nós — a explorar suas vastas tapeçarias cósmicas e a desvendar suas histórias entrelaçadas de formação e evolução. Cada descoberta adicionava uma nova peça ao quebra-cabeça universal, revelando segredos de nossa existência e nosso papel no vasto cosmos.

Nesse cenário intrigante, o sistema da Via Láctea desvendava outro enigma fascinante. Similar ao nosso Sistema Solar, seu centro era governado pela força eletromagnética, gerada em um sistema de triplas inversões. No entanto, em contraste com o nosso Sistema Solar, a Via Láctea exibia duas configurações — o Long Bar e o Galactic Bar — duas fontes luminosas que desafiavam nosso entendimento.

Movido pela curiosidade e pela busca incessante por respostas, Ethan mergulhou no gabarito da sinfonia dos infrassons, explorando as pluralidades manifestas nas frequências das partículas. Ao descobrir a existência de zonas opostas com polaridades positivas, ele vislumbrou o potencial da força gerada por essa configuração, um equilíbrio cósmico intrigante.

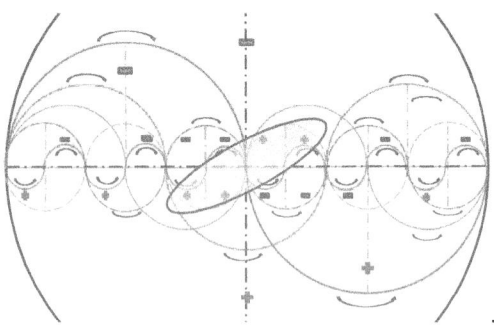

Por meio da sinfonia do sistema de triplas inversões, Ethan identificou a presença de três polaridades no sistema central, acrescentando mais uma peça ao complexo quebra-cabeças cósmico.

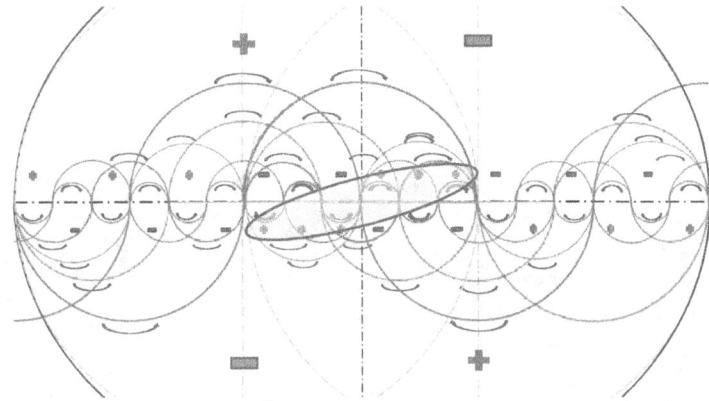

Unindo esses sistemas, ele se sentiu satisfeito e eufórico, pois parecia ter encontrado uma razão subjacente ao Long Bar e ao Galactic Bar, fazendo-o ponderar qual linha de gravação cósmica poderia conectar-se ao nosso Sistema Solar. Ele lembrou de uma conversa com um mestre dos oceanos, no qual o mestre explicou que, quando um sistema de 7 ondas andando a 80 km por hora se sobrepõe a um sistema de 7 ondas a 70 km por hora, a consequência gera uma potencialidade energética que culmina em uma onda de 90 metros. Imaginando o poder que esses longos bares representam, mesmo em uma escala galáctica, Ethan vislumbrou o resultado da superposição das zonas positivas.

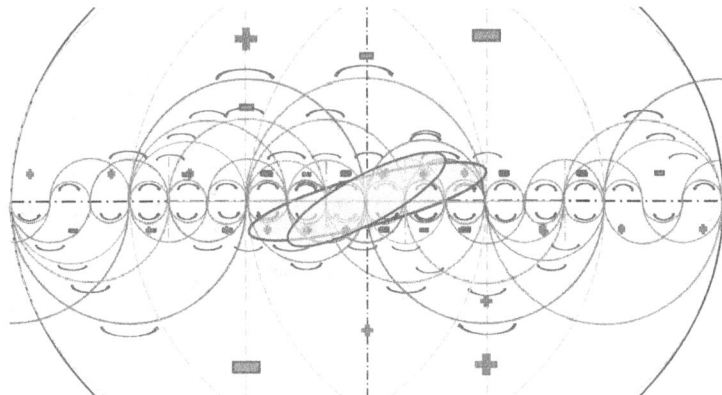

A grandiosidade do nosso Sol, localizada a 26.000 anos-luz do centro galáctico, dançando cosmicamente a 250 km/s, leva cerca de 200 milhões de anos para completar uma revolução em torno da Via Láctea.

O curioso é que a Via Láctea gira no sentido horário, enquanto nosso Sistema Solar gira no sentido oposto, devido à sua posição na zona eletromagnética do primeiro sistema secundário e à influência da força eletromagnética do Long Bar e do Galactic Bar.

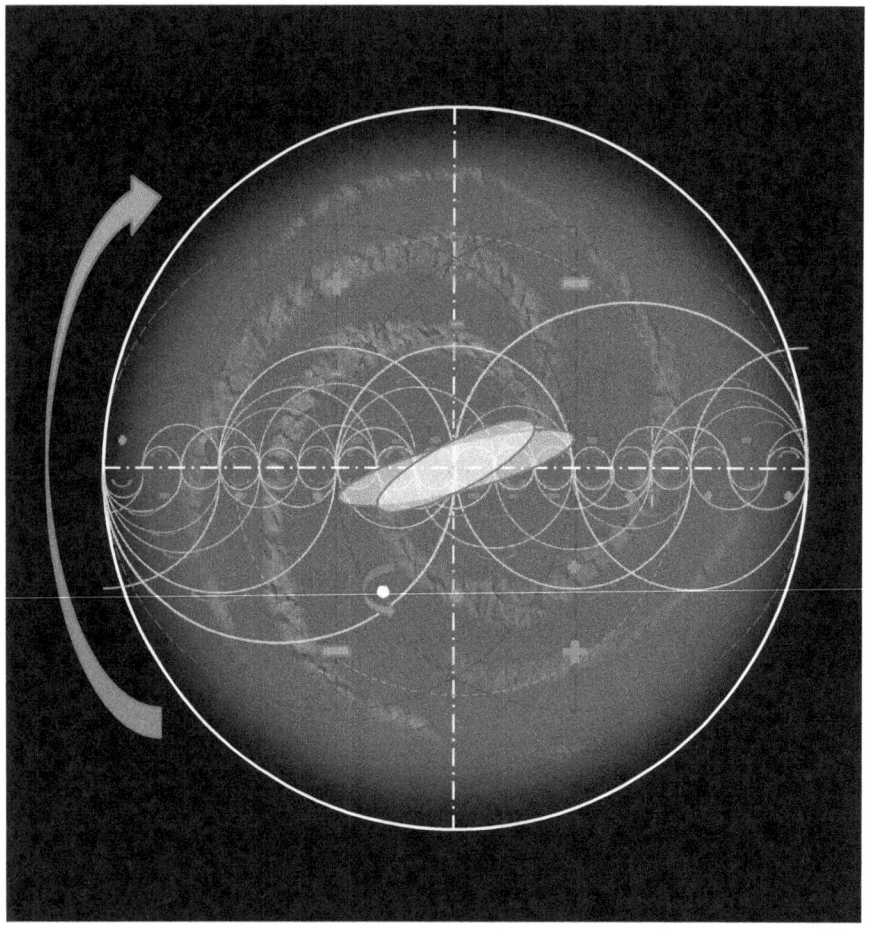

Impulsionado pela paixão pela descoberta, Ethan prosseguiu em sua jornada, utilizando agora o gabarito da sinfonia universal para determinar a posição exata do nosso Sistema Solar.

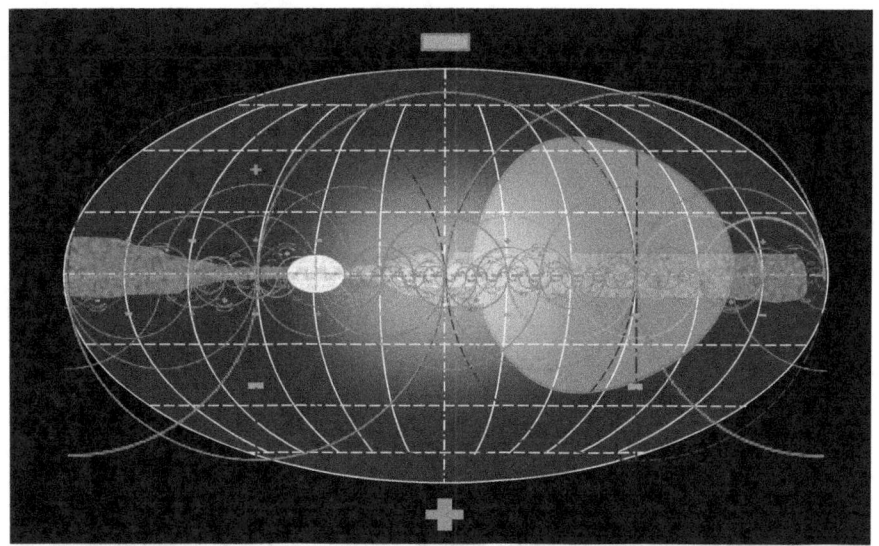

Explorando as linhas de influência do sistema de triplas inversões, Ethan começou a considerar a possibilidade de que o Sistema Solar estivesse posicionado no início do segundo quadrante cósmico, revelando uma nova pista em meio à vastidão misteriosa do universo.

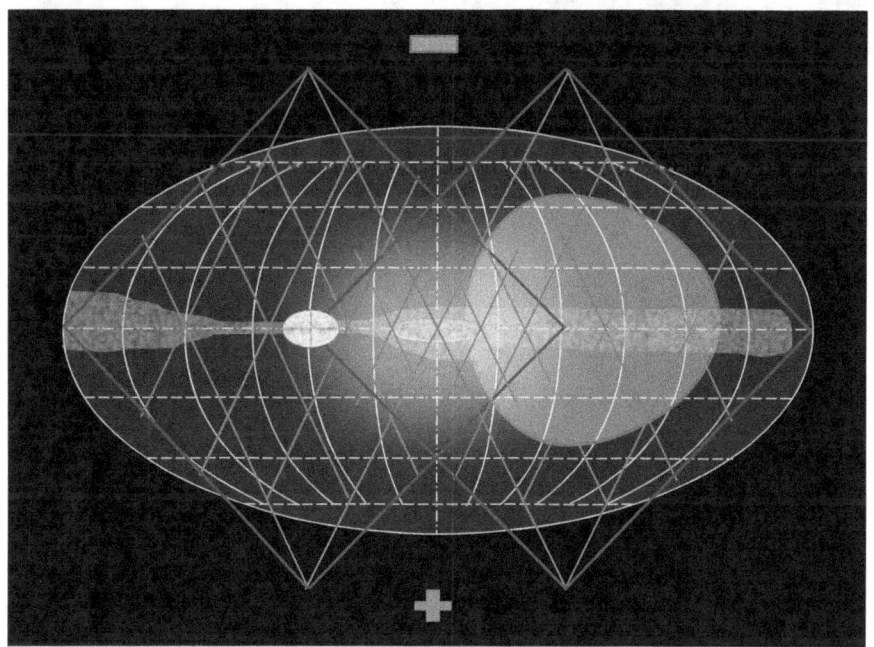

Familiarizado com o processo, Ethan posicionou as linhas de amarração resultantes do sistema identificado. Observou que, nessa configuração, os dois sistemas estavam conectados em suas extremidades pela influência da força eletromagnética. Ao visualizar as zonas de interação de cada um desses sistemas, Ethan se impressionou ao perceber que a configuração se assemelhava à retina dos olhos de um felino.

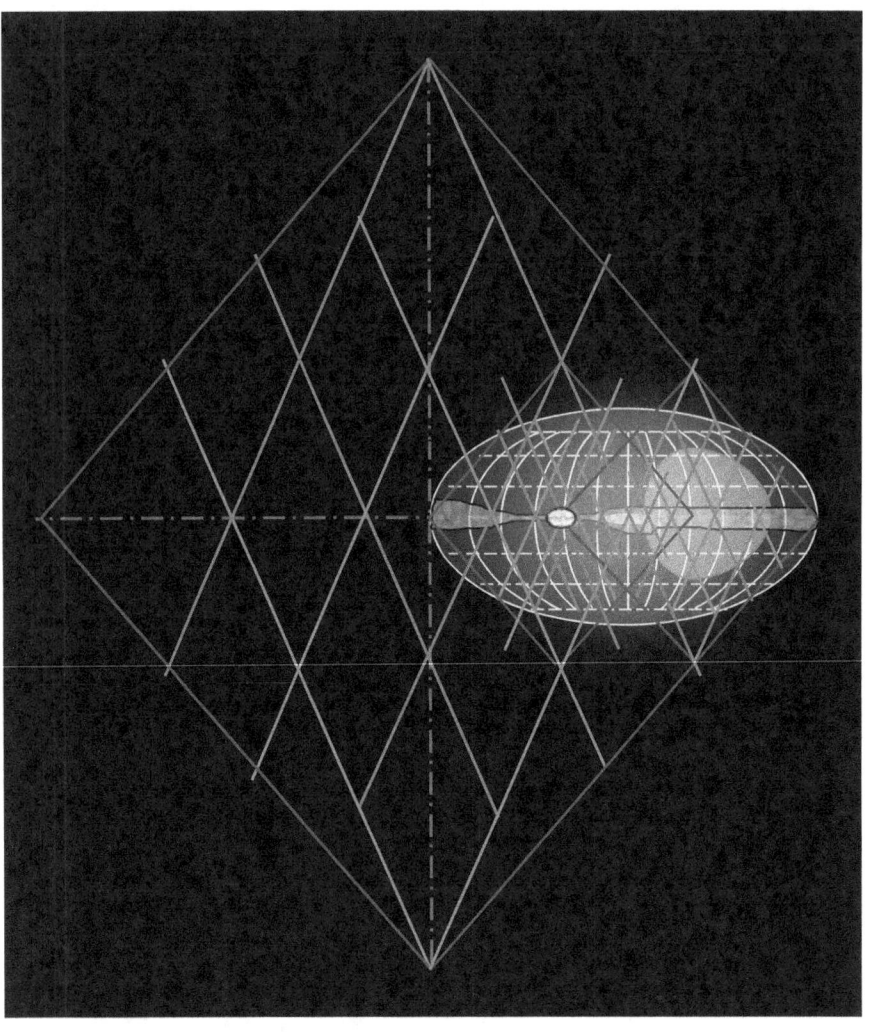

Para finalizar, Ethan adicionou o sistema principal. Percebeu que essa sequência seguia sempre o mesmo padrão: dois quadrados de amarração representando o sistema em um novo arranjo e um quadrado principal.

Em sua busca incessante pela verdade oculta, Ethan decidiu aplicar seus gabaritos, revelando mais uma peça da complexa sinfonia cósmica. A descoberta das linhas de interconexão, derivadas dessa sinfonia universal, evidencia que a exploração e a investigação continuamente nos proporcionam novos conhecimentos, conduzindo-nos a desvendar as maravilhas do universo que nos envolve. Afinal, a exploração, a descoberta e a curiosidade são as chaves que abrem as portas para o vasto universo do conhecimento. Quem pode prever o que mais seremos capazes de desvendar nesta jornada inspiradora e fascinante? O universo nos aguarda, pleno de mistérios, esperando para ser revelado.

Grupo Local: Uma Sinfonia Cósmica Revelada

No vasto e dinâmico cenário do Grupo Local, composto por cerca de 54 galáxias dispersas ao longo de aproximadamente 10 milhões de anos-luz, destacam-se a Via Láctea e Andrômeda. Dentro desse sistema intrigante, a ausência de um núcleo gravitacional forte desperta a curiosidade de Ethan, proporcionando uma oportunidade única para explorar as linhas da sinfonia cósmica e desvendar suas influências no comportamento desse conglomerado galáctico.

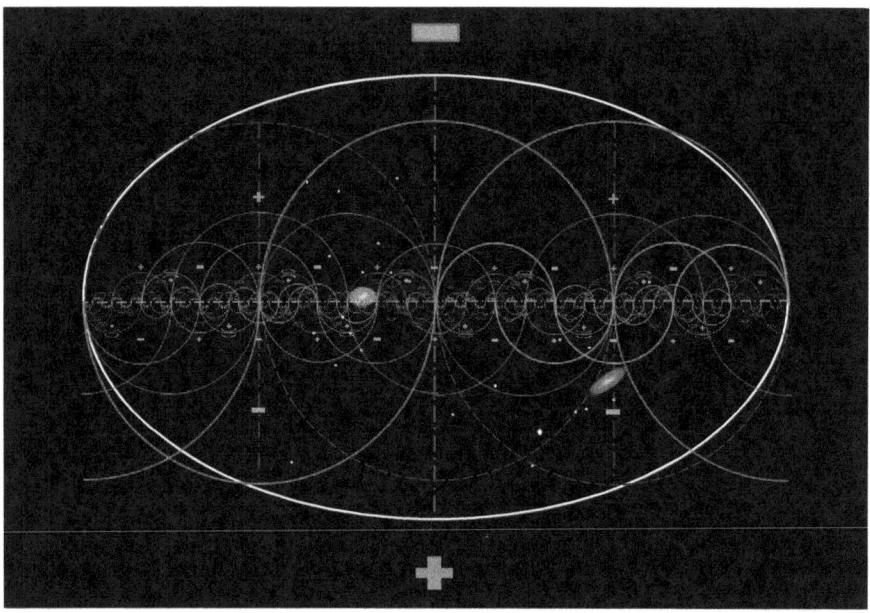

A sinfonia cósmica se estende além do Sistema Solar e da Via Láctea. Esta última compõe um vasto conjunto galáctico denominado 'Grupo Local', que abrange aproximadamente 54 galáxias proeminentes, como Andrômeda e Triangulum. Essas galáxias, com suas trajetórias únicas, orbitam ao redor da Via Láctea ou de Andrômeda, compondo uma harmonia cósmica que fascina pela sua grandiosidade e elegância.

Mas prepare-se para um espetáculo cósmico no futuro! Estudos detalhados dos cientistas revelam que a Via Láctea e Andrômeda estão em rota de colisão. Movendo-se a impressionantes 480.000 km/h, esse encontro culminará em uma fusão galáctica em aproximadamente 5 bilhões de anos. Isso nos lembra que, assim como a vida, o universo está em constante evolução e transformação.

Uma característica intrigante do sistema galáctico é a ausência de um centro ligado à força eletromagnética. Essa peculiaridade despertou o interesse do sempre curioso e perspicaz Ethan. Em sua busca por respostas, Ethan concebe uma hipótese intrigante: compreender a relação entre os sistemas acústico e eletromagnético no movimento das partículas para elucidar a interação entre a Via Láctea e Andrômeda.

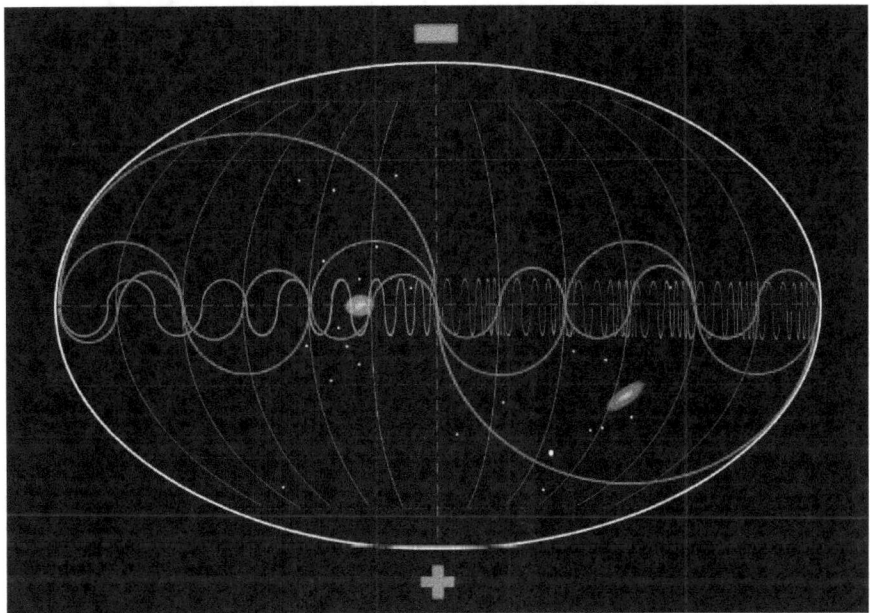

Ethan teve a ideia de observar o deslocamento da partícula em sua volta ao redor do núcleo. Ethan já havia compreendido que a primeira metade do ciclo é regida por forças acústicas em velocidades baixas, enquanto a segunda metade é controlada por forças eletromagnéticas, atuando em velocidades elevadas. O tempo que a partícula leva para completar a primeira metade é idêntico ao tempo necessário para completar a segunda metade. Esse entendimento o levou a perceber que, independentemente da velocidade da partícula, o seu deslocamento será o mesmo nos dois sistemas, apontando uma diferença entre a velocidade do objeto e a distância percorrida.

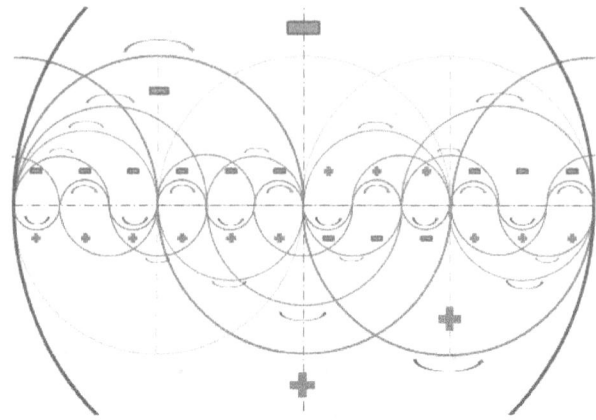

Observando o sistema decorrente da linha de interação da zona eletromagnética, formado por uma sequência periódica, Ethan entendeu que o aumento de velocidade das interações decorrente do movimento da partícula, iniciando sistematicamente de uma velocidade lenta para uma rápida, indicava que quanto mais lenta a partícula, maior seu comprimento de onda e, portanto, mais rápida a partícula, menor o comprimento da onda e maior o percurso que ela precisaria percorrer no mesmo lapso de tempo. Assim, para obter um deslocamento constante da partícula, independentemente de sua velocidade, ela apresentaria um percurso que deveria percorrer em cada um dos sistemas.

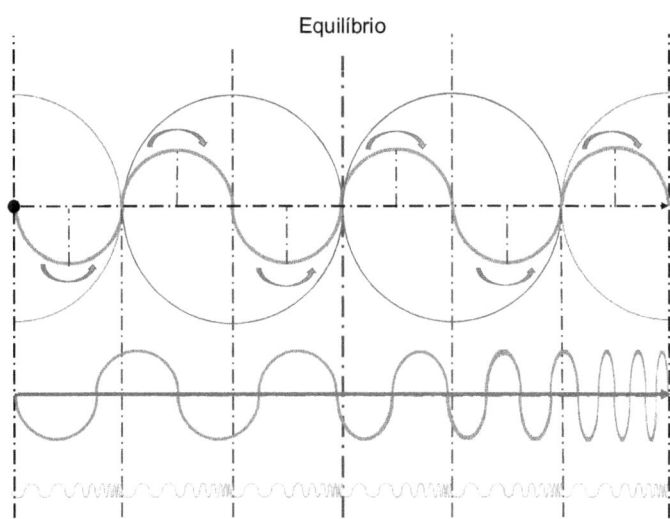

Ethan compreendeu que o Grupo Local constitui um sistema que, por sua vez, faz parte de uma estrutura maior, o que explica por que cada aglomeração interna se movimenta em sincronia com seu sistema principal, o Grupo Local. Assim, parece improvável que dois sistemas galácticos, como a Via Láctea e Andrômeda, pertencentes a zonas distintas, eventualmente colidam. De acordo com o princípio da partícula, cada um desses sistemas galácticos estaria seguindo seu curso para completar sua trajetória dentro do contexto de seu próprio sistema.

Nesse momento, Ethan ponderou que a única possibilidade de aproximação entre essas duas galáxias seria um colapso no sistema principal, provocando uma redução significativa das distâncias entre elas. A parte mais interessante, ao estudar um sistema, é que suas características podem ser encontradas em qualquer outro sistema, já que todos eles são idênticos.

Retomando as análises baseadas nos mesmos gabaritos aplicados à vizinhança estelar, com exceção das interações resultantes do sistema de tripla inversão — que carece de um núcleo central — Ethan aplicou:

- O gabarito das infrações.

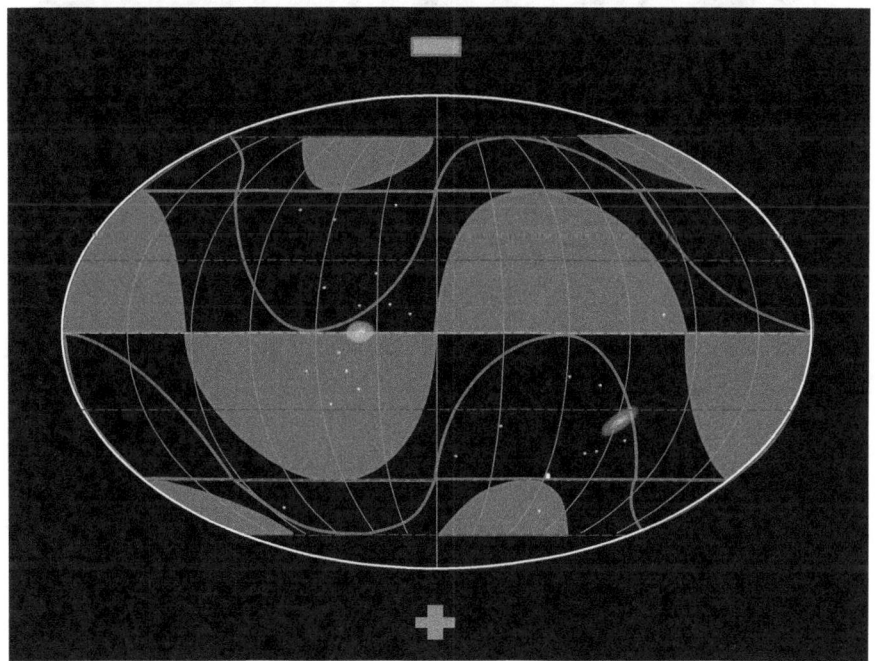

- O gabarito das ondas sonoras.

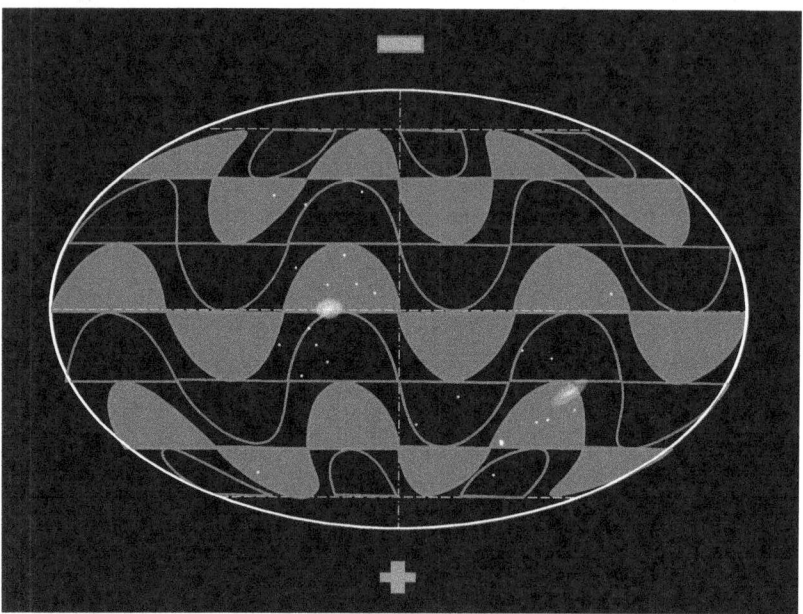

- E, por fim, o gabarito dos ultrassons.

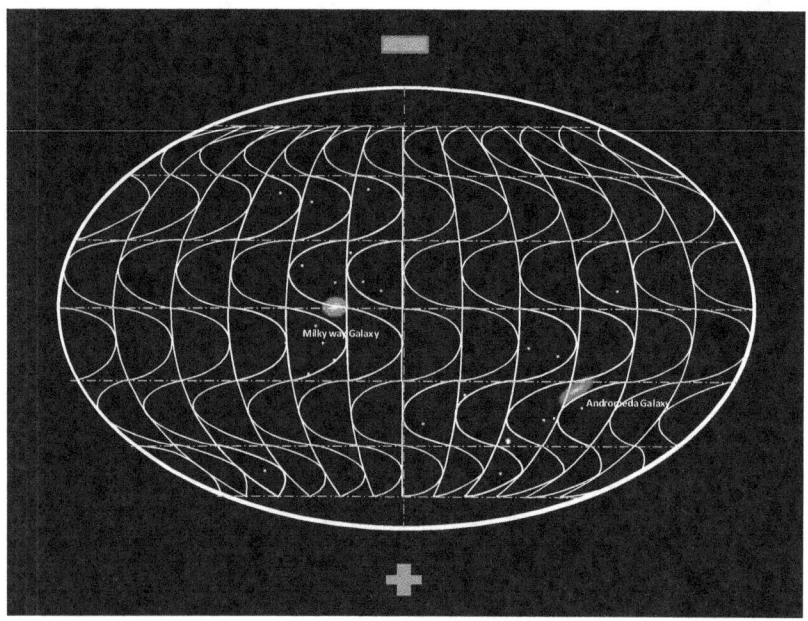

À medida que Ethan mergulhava na sinfonia cósmica, uma revelação anterior retornou à sua mente: a descoberta das linhas de interação. Esse marco foi alcançado por meio da mesma sinfonia, mostrando-nos que a exploração das complexidades cósmicas pode nos levar a conexões surpreendentes e a uma compreensão mais profunda do universo que nos cerca.

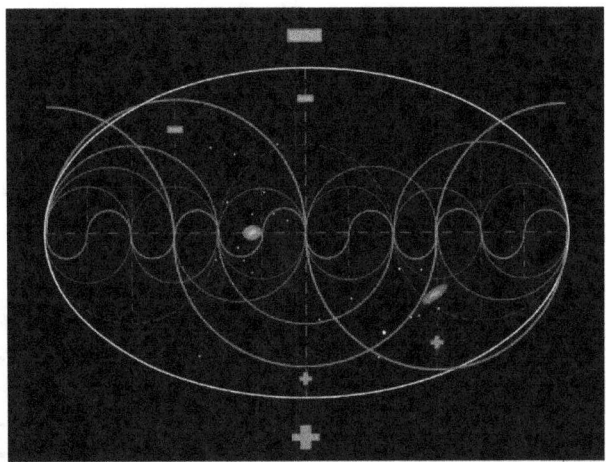

Ethan percebeu que as linhas de amarração, derivadas da transmissão de ondas, apresentavam uma característica intrigante. Anteriormente identificadas na zona invisível do sistema, agora, ele compreende que, partindo de uma zona visível, essas linhas podem se entrelaçar harmoniosamente com o sistema resultante.

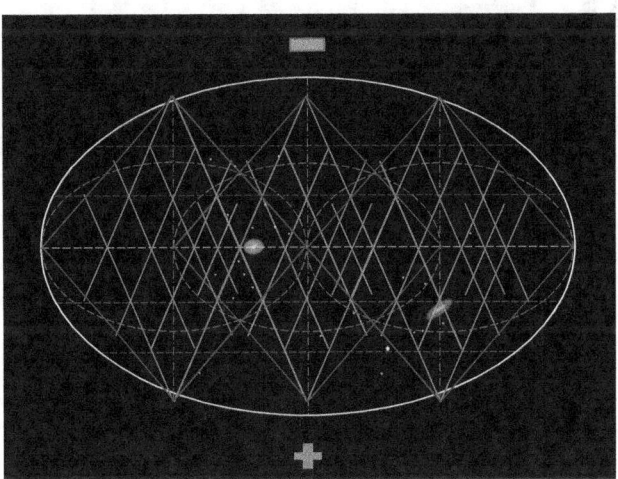

A complexidade dessa interconexão desperta insights adicionais em Ethan. Ele visualiza como as linhas de amarração, originárias de zonas distintas, podem convergir e entrelaçar-se em uma dança cósmica, criando um sistema complexo e harmonioso de equilíbrio. As implicações são profundas, sugerindo uma intrincada rede de influências que une as zonas visíveis e invisíveis, formando uma tapeçaria cósmica.

Conforme desvendava esses padrões complexos, Ethan compreendeu a relevância fundamental da zona visível do sistema. Anteriormente subestimada, essa região agora se destaca como essencial para entender a organização e o funcionamento do universo. As interações entre zonas visíveis e invisíveis são como peças de um quebra-cabeça universal, meticulosamente encaixadas para formar um panorama completo e coerente.

Essa percepção das interconexões cósmicas desperta a imaginação de Ethan e reforça seu impulso exploratório. Ante a vastidão e maravilha do universo, sempre há algo novo a ser revelado e compreendido. A jornada rumo à descoberta é guiada pela curiosidade e sustentada pelo desejo de decifrar os enigmas que ressoam entre as galáxias, estrelas e a sinfonia universal. O conhecimento está à nossa frente, esperando ser desvendado e disseminado, conduzindo-nos a uma compreensão mais profunda de nossa posição no vasto e intrigante cosmos.

Virgo Supercluster

Ethan explorava o Superaglomerado de Virgem, também denominado *Superaglomerado de Virgem*. Esta vasta concentração de galáxias é uma das maiores estruturas do universo visível. Fascinado, ele descobriu que o Grupo Local — onde se encontra na Via Láctea, a galáxia de Andrômeda (M31) e cerca de 100 outras galáxias menores — está imerso nesse colossal aglomerado galáctico.

O Superaglomerado de Virgem é dominado pelo Aglomerado de Galáxias de Virgem, um conjunto denso e massivo de galáxias localizado na direção da constelação de Virgem. Esse aglomerado central atua como o coração do Superaglomerado de Virgem, abrigando muitas das galáxias mais luminosas e massivas da região.

Ele não conseguia imaginar a vastidão do Superaglomerado de Virgem. Enquanto a Via Láctea tem cerca de 100.000 anos-luz de diâmetro, e o Grupo Local se estende por alguns milhões de anos-luz, o Superaglomerado de Virgem compreende uma região muito maior do espaço.

Ethan compreendeu que investigar estruturas como o Superaglomerado de Virgem é essencial para entender a distribuição em larga escala das galáxias no universo e a influência da gravidade em vastas escalas cósmicas. É fascinante perceber que vivemos em uma galáxia que faz parte de um grupo maior de galáxias, que, por sua vez, está inserido em uma estrutura ainda maior do universo.

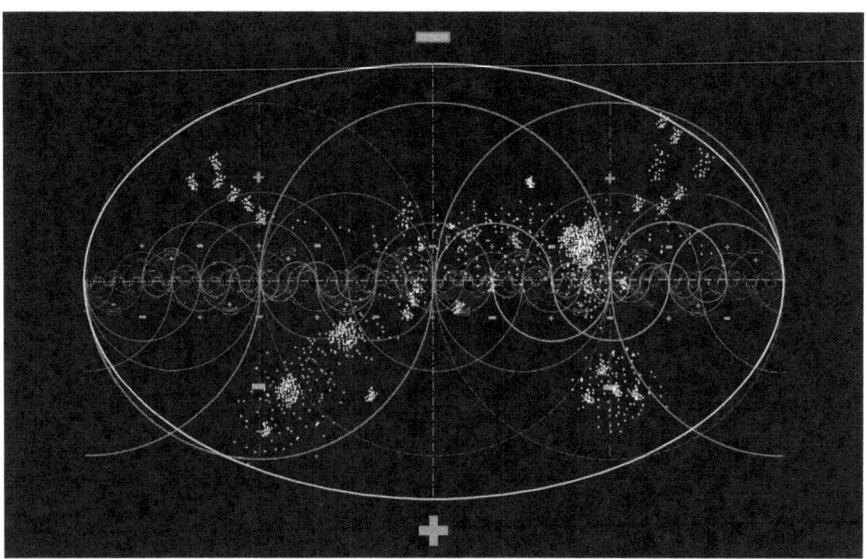

Ethan percebeu que o sistema que estava investigando, assim como o Grupo Local, não possuía um núcleo definido. Essa similaridade levou-o a uma conclusão intrigante: o processo das interações, que moldava o sistema em questão, seguia um padrão comparável ao do Grupo Local.

Movido por essa nova conexão, Ethan teve uma ideia instigante. Ele decidiu aplicar os gabaritos do sistema para visualizar onde as principais aglomerações se encontravam. Essa abordagem proporcionaria uma perspectiva visual única das interações e distribuições dentro do sistema, permitindo que ele identificasse padrões e relacionamentos complexos.

Aplicando o gabarito dos infrassons, ele pôde reparar nas linhas de interação passando pelo meio das aglomerações e das galáxias, como é possível ver na zona eletromagnética. Na zona do presente, com orientação para um futuro próximo, ele notou uma linha conectando galáxias ao longo das linhas de interação. Observando o cumprimento dessas linhas, percebeu-se, em vários lugares, a ligação de agrupamentos de galáxias em seu percurso.

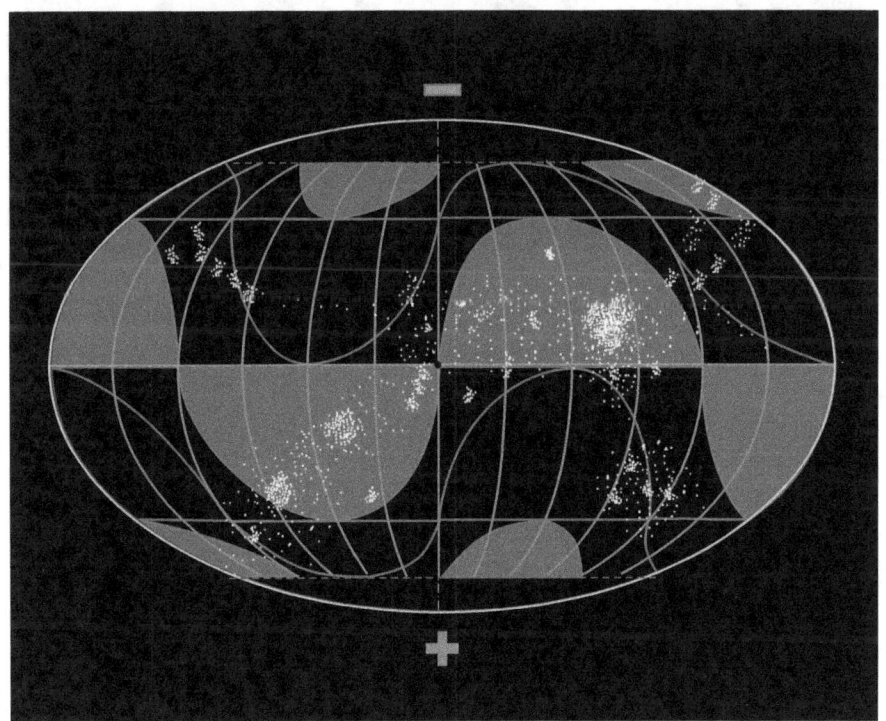

Ao aplicar o gabarito do som, no qual a quantidade de linhas de interação aumenta consideravelmente, é possível observar interações ao longo do percurso com múltiplos agrupamentos de galáxias, que parecem organizados como estruturas em suas localizações. Esse fenômeno pode ser constatado na zona da força atômica fraca, onde o alinhamento de vários agrupamentos de galáxias está presente.

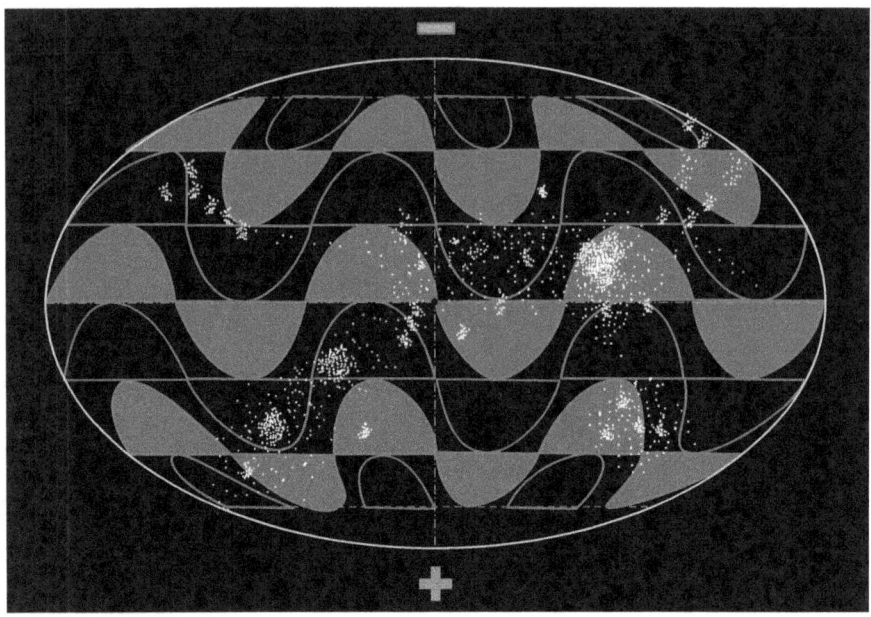

No que se refere ao gabarito dos ultrassons, parece evidente a importância das linhas de interação para a organização da estrutura desse sistema. É possível notar que, em função do tamanho do agrupamento de galáxias, uma linha passa por agrupamentos menores e várias linhas por agrupamentos maiores, como na zona da força atômica fraca e na zona eletromagnética. Também é possível observar que a parte mais importante aparece como uma sequência horizontal localizada na zona da força atômica forte. Nesse lugar, as linhas de interação parecem organizar os agrupamentos, com o maior agrupamento no centro. Subindo na frequência, chegando às interações mais agudas, podemos perceber a passagem dessas linhas nos locais de aglomerações de galáxias, parecendo estarem amarradas a cada uma delas.

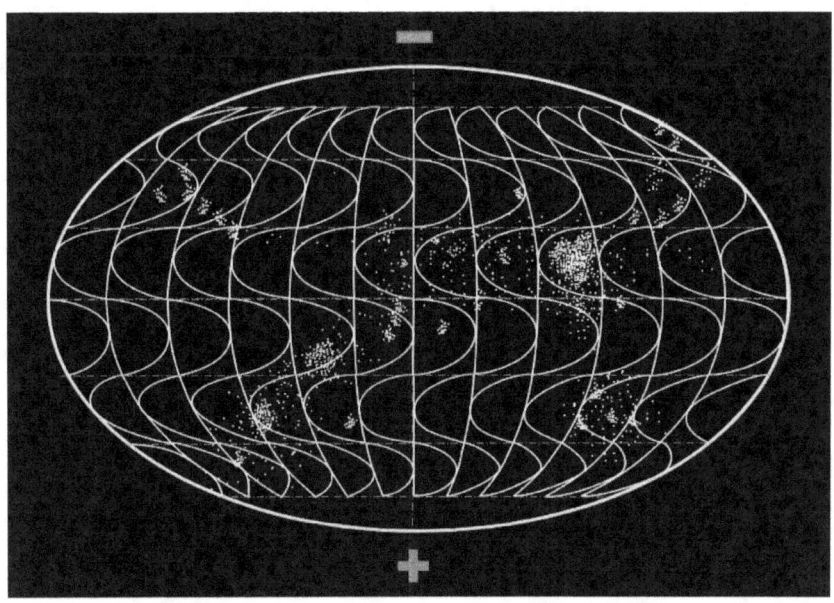

Aplicando o gabarito da sinfonia cósmica completa e incorporando a zona de influência eletromagnética ao sistema, Ethan desenvolveu uma concentração significativamente maior de galáxias nas áreas onde se localizam como linhas de interação invertidas, originadas pelas forças eletromagnéticas e acústicas.

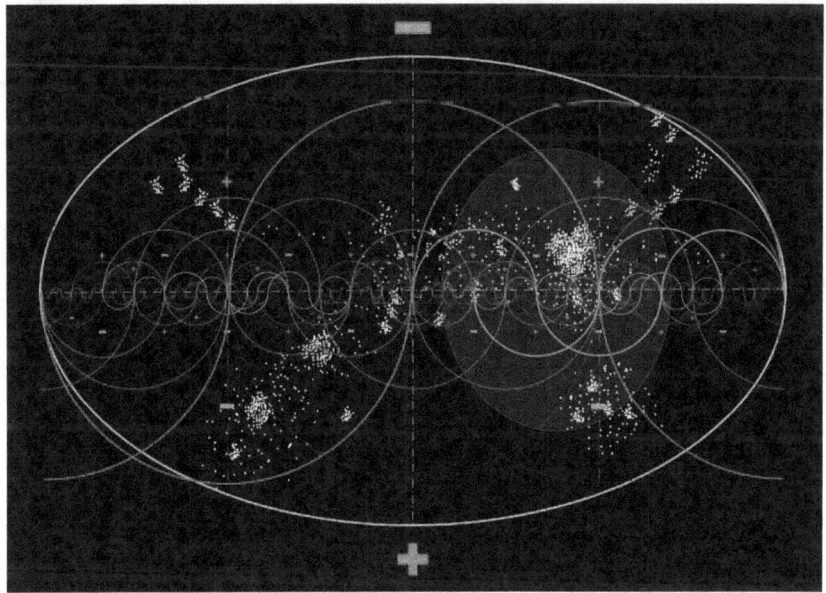

Ao explorar as linhas de amarração provenientes da transmissão da onda, Ethan notou que elas seguiam um esquema análogo ao observado no Grupo Local. Esse paralelo reforçava a ideia de que certos princípios fundamentais regiam não apenas um sistema específico, mas também poderiam ser aplicados de maneira mais ampla em diferentes contextos cósmicos.

A interligação entre os sistemas, os padrões recorrentes de interações e a influência das linhas de amarração emergiam agora como conceitos cruciais na busca de Ethan por uma compreensão mais profunda do universo. Essa interrelação entre padrões universais e especificidades individuais lançava luz sobre as forças subjacentes que moldavam a estrutura e a evolução do cosmos.

Ethan estava no limiar de uma nova fase de exploração, onde cada descoberta e cada conexão o aproximavam de desvendar os enigmas cósmicos que o haviam fascinado desde o início. Com cada peça do quebra-cabeça que ele encontrava, o quadro geral do universo se tornava mais nítido e mais complexo, convidando-o a se aprofundar ainda mais nos mistérios do cosmos.

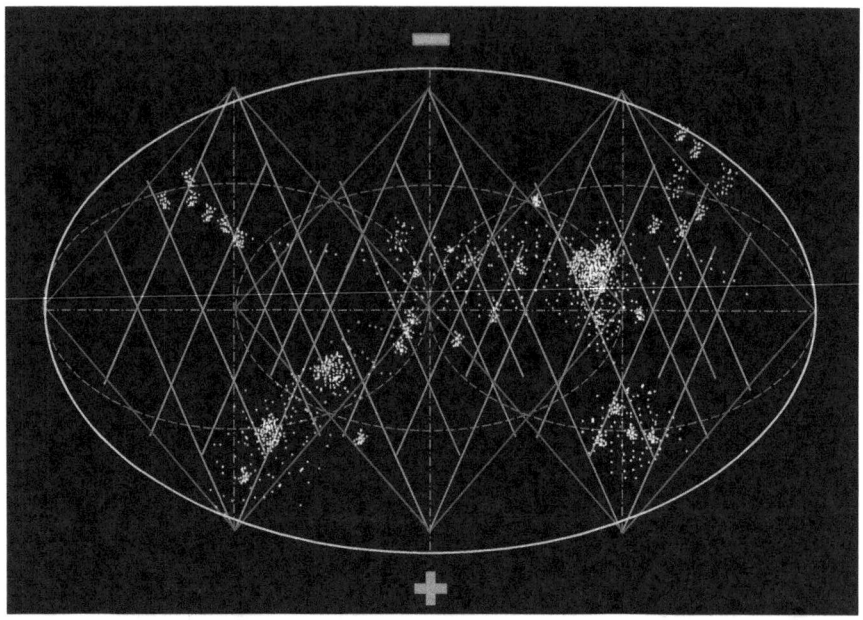

Para finalizar, seguindo o mesmo processo dos sistemas anteriores, ele coloca o sistema com suas linhas de amarração decorrentes do sistema acústico na zona observável do seu sistema final.

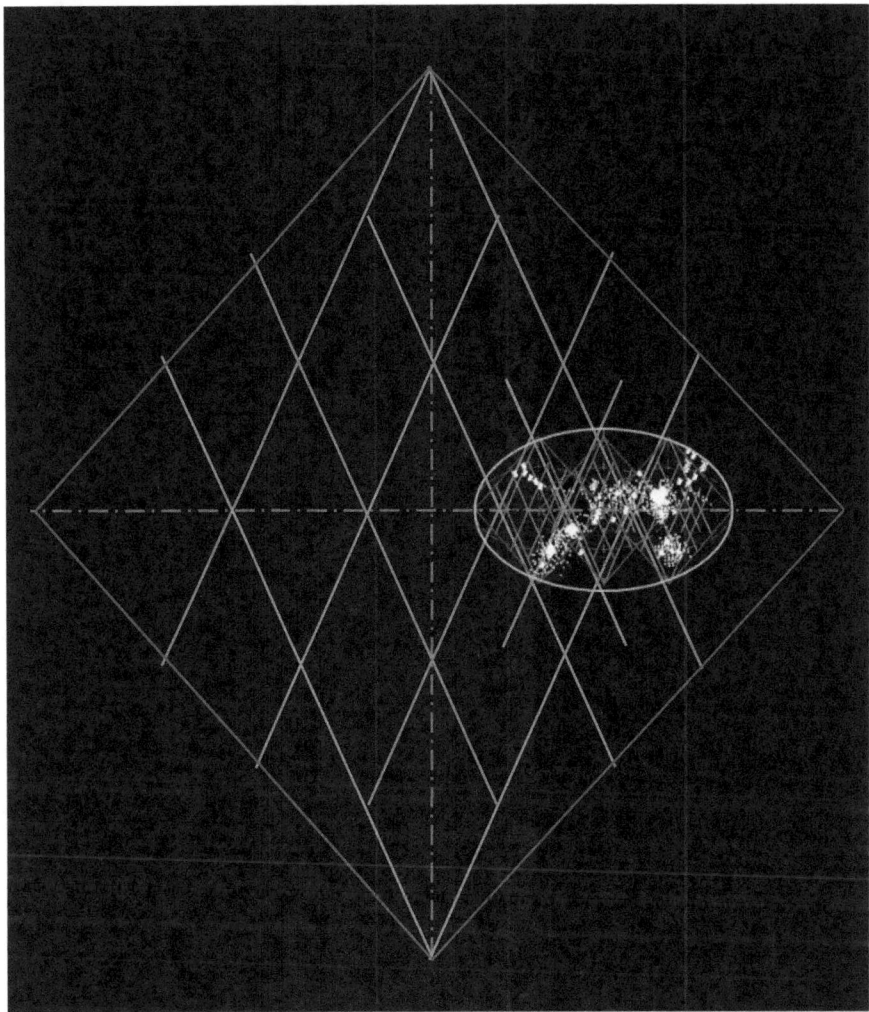

Conclusão

Ao compreender as vastas interações no Superaglomerado de Virgem, Ethan se preparava para um desafio ainda maior. Sabia que além dessa estrutura, existiam superaglomerados ainda mais extensos e complexos. Sua próxima missão seria explorar Laniakea, uma estrutura que prometia revelar ainda mais sobre as interconexões e a grandiosidade do universo. Com o conhecimento adquirido até agora, Ethan estava ansioso para desvendar os mistérios de Laniakea, aprofundando sua compreensão do cosmos e das forças que o moldam.

Descobrindo o Desconhecido: Laniakea

Este superaglomerado, "Laniakea", proveniente do havaiano e traduzido como "céu imensurável", foi definido e batizado em 2014, em um estudo pioneiro. Até então, astrônomos reconheciam a existência de aglomerados como o Superaglomerado de Virgem. Descobertas recentes, no entanto, sugerem que tais aglomerados são, na verdade, componentes de estruturas mais vastas. Laniakea abrange cerca de 100.000 galáxias, estendendo-se por uma colossal distância de 520 milhões de anos-luz.

No epicentro de Laniakea encontra-se o Grande Atrator, uma região misteriosa que exerce uma gravidade significativa sobre as galáxias vizinhas. Este centro místico é o coração palpitante do Superaglomerado. Diferentemente da medição tradicional baseada em densidade, a definição de Laniakea baseou-se no fluxo galáctico. Usando os movimentos das galáxias, os cientistas mapearam os limites de nossa rede galáctica local e descobriram que somos parte integrante de Laniakea. Neste vasto cenário, galáxias flutuam em direção ao Grande Atrator.

A nossa galáxia, a Via Láctea, encontra-se na borda de um dos "braços" de Laniakea. Laniakea é cercada por outros superaglomerados e espaços vazios, onde a densidade de galáxias é extraordinariamente baixa. O Superaglomerado Perseus-Pisces está ao norte, enquanto o Superaglomerado Shapley está a Leste. A identificação de Laniakea auxiliou astrônomos a apreender a escala e a arquitetura do Universo. Ao mapear essas estruturas cósmicas monumentais, os cientistas podem sondar como a matéria se reúne em escalas cósmicas. Deste modo, ampliaram-se os conhecimentos sobre a influência da energia escura e da matéria escura na expansão e evolução do cosmos.

As investigações e identificações de estruturas imensas, tais como Laniakea, são verdadeiros testemunhos do impressionante progresso que a astronomia e a cosmologia têm alcançado nas últimas décadas. Estas descobertas fornecem uma perspectiva humilde de nosso lugar no universo e do intricado mosaico cósmico formado por galáxias, estrelas e matéria.

Ethan estava prestes a iniciar uma nova etapa de sua exploração. A cada descoberta e conexão, ele se aproximava de desvendar os enigmas que o haviam fascinado desde o princípio. À medida que cada peça do quebra-cabeça cósmico se encaixava, o panorama do universo se revelava mais nítido e complexo, motivando-o a mergulhar ainda mais nos mistérios que o cosmos abrigava.

A busca de Ethan por compreender as complexidades do universo o guiou através dos intrincados arranjos e interações do Laniakea, a gigantesca superaglomerado galáctica que abraça nossa vizinhança cósmica. Similarmente à sua investigação anterior do sistema sem núcleo, ele agora se via diante de uma intrincada rede de interações e conexões internas à Laniakea.

Ethan logo percebeu que as interações que moldavam essa superaglomerada compartilhavam semelhanças com aquelas que havia estudado anteriormente. Laniakea, o "Grupo Local" e o sistema sem núcleo pareciam ser governados por princípios universais, transcendendo suas escalas e naturezas distintas. Era como se uma linguagem cósmica estivesse entrelaçada nas estruturas de todos esses sistemas.

Utilizando o gabarito dos infrassons, pode-se reparar que o tipo de interação entre as linhas de interação e os agrupamentos de galáxias segue o mesmo processo que o observado no Virgo Supercluster, parecendo interferir no posicionamento de vários agrupamentos.

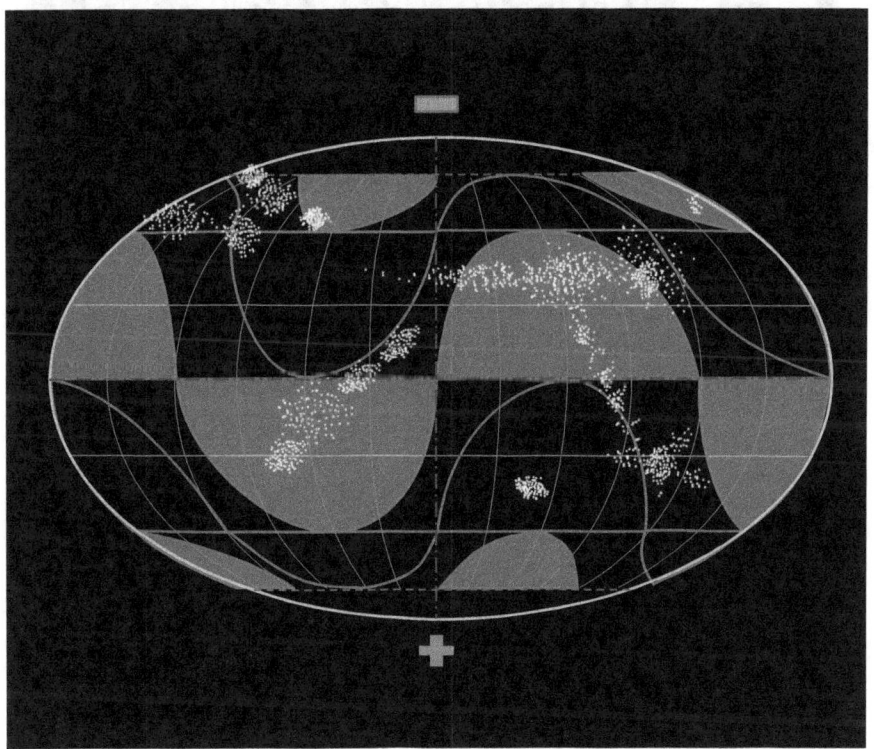

Colocando o sistema do som, percebemos que a lógica encontrada segue exatamente o mesmo princípio.

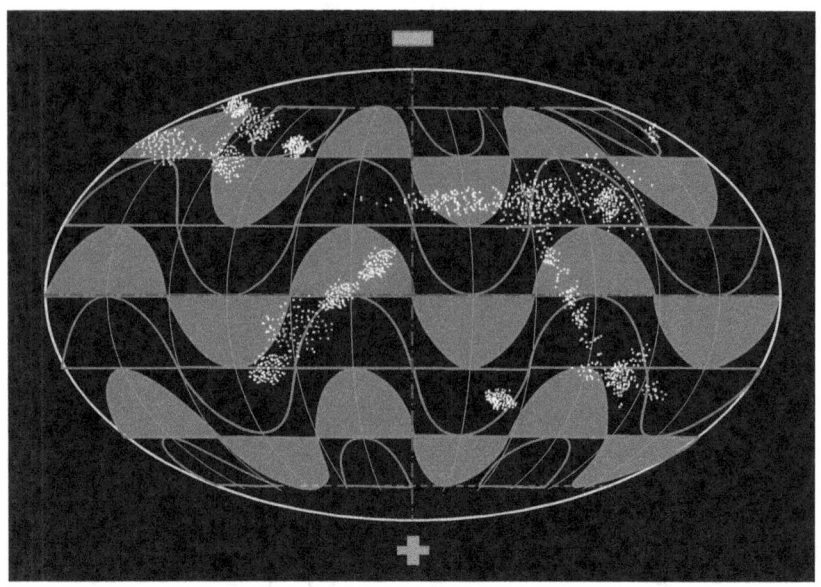

Aplicando agora o gabarito dos ultrassons, é possível constatar que as linhas de interação definem o posicionamento e a estrutura dos agrupamentos encontrados. A diferença nessa configuração do sistema de Laniakea é que podemos constatar que o corpo principal se encontra em uma frequência acima do Virgo Supercluster, mas parece seguir o mesmo processo de interação.

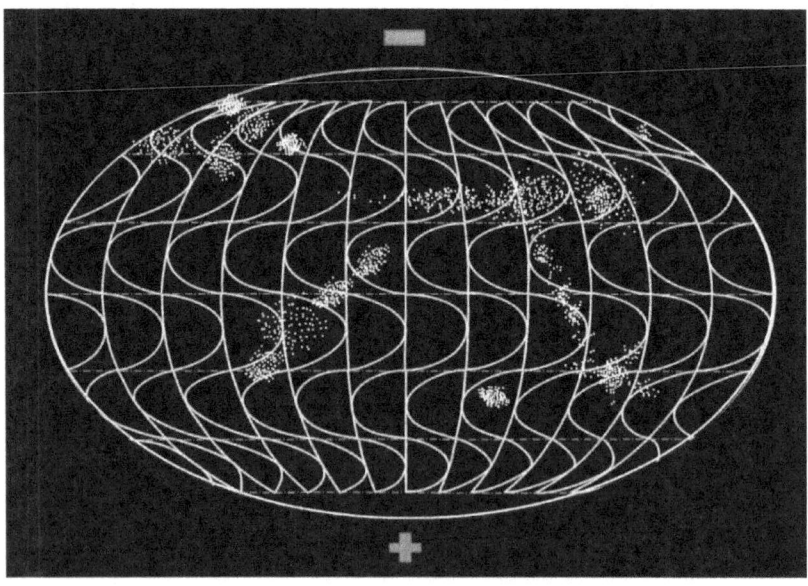

Utilizando o gabarito da sinfonia cósmica, onde sabemos que o seu ponto culminante se encontra no centro, explica-se a concentração de força encontrada nesse local. Seguindo o mesmo processo aplicado ao gabarito da sinfonia cósmica no Virgo Supercluster, junto com a zona decorrente da força eletromagnética, podemos constatar uma grande quantidade de aglomerações nesse local.

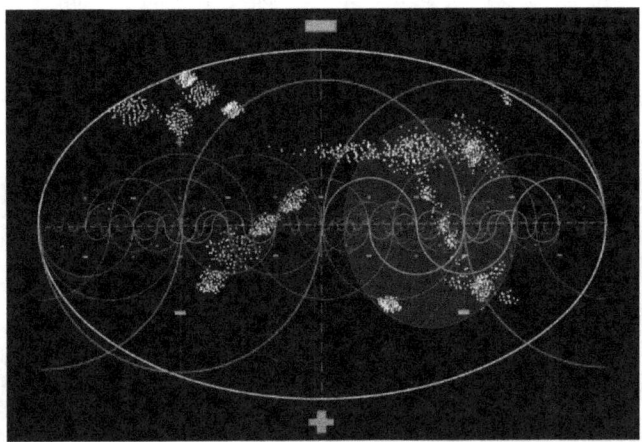

Tomando inspiração dessas reflexões, Ethan decidiu aplicar uma abordagem semelhante à que havia empregado anteriormente. Criou um esboço representativo para visualizar as interações e distribuições dentro de Laniakea. Através dessa representação visual, ele começou a identificar padrões notáveis. Aglomerados de galáxias se alinhavam de forma coerente, como se estivessem respondendo a influências invisíveis, mas persistentes.

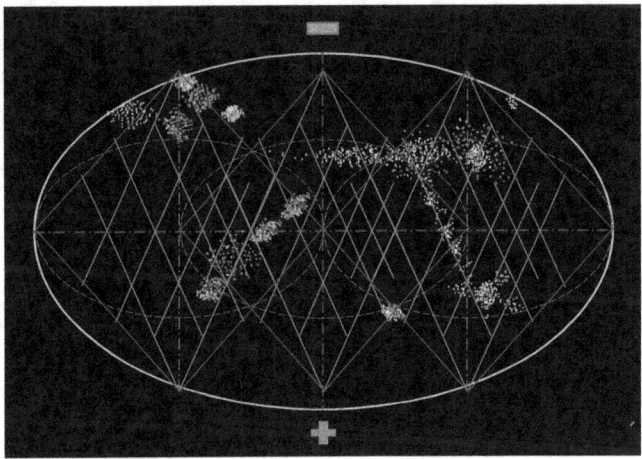

As linhas de amarração, mais uma vez, se revelaram vitais para a compreensão dessas interações. Ethan percebeu que elas seguiam um padrão particular, sugerindo uma estrutura subjacente que interconectava diferentes partes do superaglomerado. Era como se uma coreografia cósmica estivesse em andamento, direcionando o movimento das galáxias e aglomerados em uma majestosa dança. Ao refletir sobre esses insights, Ethan compreendeu que as mesmas leis cósmicas aparentavam ditar o comportamento de diversos sistemas cósmicos em variadas escalas. Isso o levou a conjecturar que talvez exista um conjunto fundamental de princípios que governam todo o universo, desde sistemas galácticos até superaglomerados como Laniakea.

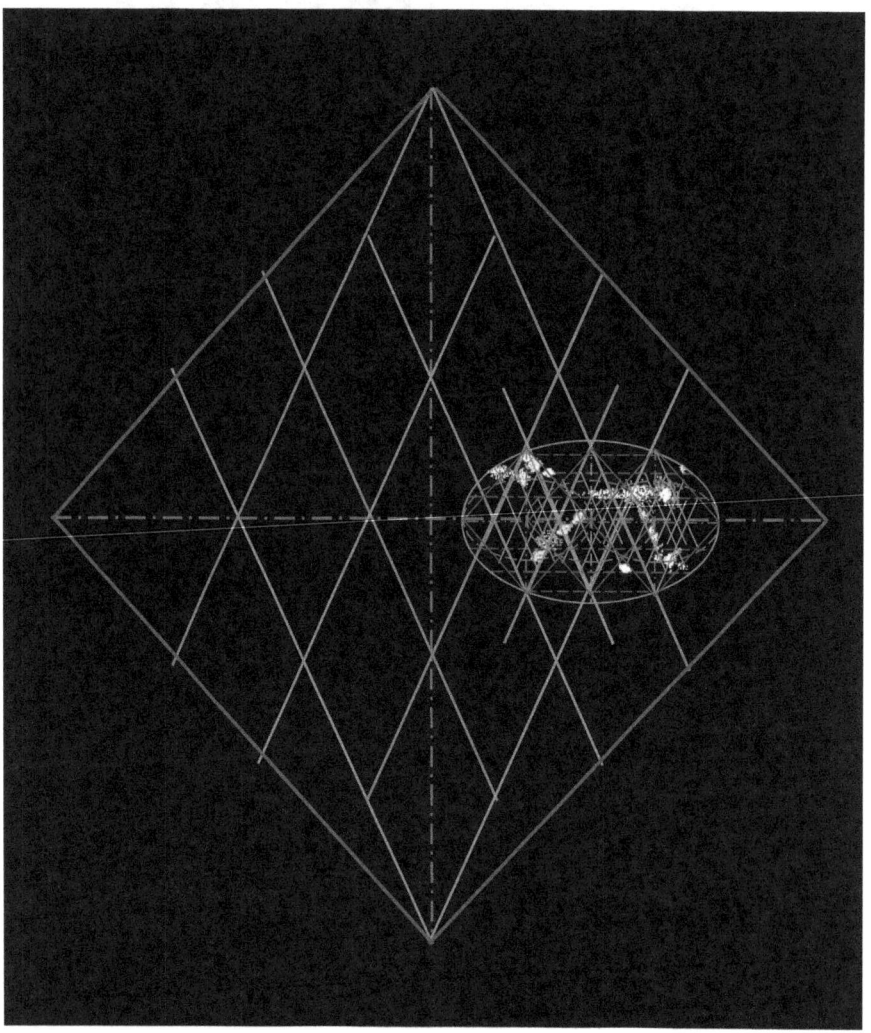

Essa compreensão não apenas enriqueceu a busca de Ethan pelo conhecimento, mas também iluminou a profunda interconexão que permeia o cosmos. Cada sistema, aglomeração e galáxia pareciam estar entrelaçados em uma grandiosa tapeçaria cósmica. A jornada de Ethan, que se iniciou com a curiosidade sobre o funcionamento do universo, estava agora se transformando em uma exploração da própria essência da existência e das forças que a moldam. A análise de Ethan sobre Laniakea declarou que os princípios de interação fechados anteriormente no Superaglomerado de Virgem e no Grupo Local se repetem em escalas ainda mais amplas. Esses padrões de interação e a disposição das galáxias parecem seguir leis cósmicas universais, revelando uma interconexão profunda entre diversas regiões do universo. Essa nova compreensão prepara o terreno para explorar ainda mais os mistérios cósmicos, unificando o conhecimento de sistemas observados até agora e abrindo caminho para futuras descobertas sobre a natureza do cosmos.

O Universo Desvendado

Chegou o momento de mergulhar profundamente na essência do universo e desvendar seus mistérios. Ethan acordou ainda imerso nas informações coletadas desde que começou a explorar a vastidão cósmica. Com o conhecimento acumulado, ele se sentiu agora capaz de alcançar lições profundas e ampliar sua compreensão das estruturas universais. Entre essas conclusões, o mais marcante foi a constatação de que o universo parecia ser governado por uma complexa geração de padrões.

Um desses padrões, que se destacava com clareza, indicava que cada sistema se organizava sistematicamente em quatro zonas distintas. Três dessas zonas carecem de núcleo e estão sujeitas à influência de uma das forças universais, determinando o que ocorrerá em cada uma delas. Dentro da zona relacionada à força eletromagnética, ele **acordos** um sistema composto por dois elementos positivos visíveis e um elemento negativo.

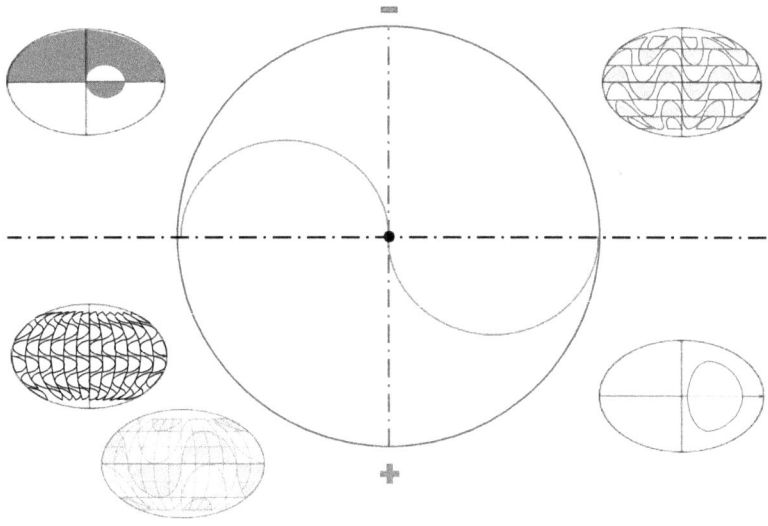

Para aprofundar sua compreensão, Ethan revisitou os passos que o conduziram desde o início. A cada etapa, ele específica meticulosamente as informações que foram coletadas, buscando atingir uma estrutura rigorosamente organizada. Os resultados eram consistentes: insights gerados por descobertas cada vez mais organizadas, que, por sua vez, conduziam a conclusões surpreendentes.

Ethan iniciou sua exploração nas páginas do livro, ávido por informações que o **conduziram** a uma conclusão lógica. Ciente da vastidão, complexidade e enigmas do universo, ele foi capaz de sintetizar um resumo abrangente, destacando os pontos mais relevantes:

- A teoria mais aceita sobre a origem do universo é o Big Bang, que postula que o universo teve início a partir de um ponto mínimo e quente, expandindo-se desde então. Estima-se que essa expansão começou há aproximadamente 13, 8 bilhões de anos.

- Essa teoria também ilumina a expansão do universo. Esses fenômenos, observados pela primeira vez pelo astrônomo Edwin Hubble em 1929, indicam que as galáxias estão gradualmente se afastando umas das outras ao longo do tempo.

- Acredita-se que a expansão acelerada do universo é impulsionada por uma forma de energia misteriosa chamada energia escura, que atualmente se presume ser composta por cerca de 68% do universo.

- Através da observação da rotação das galáxias, os astronômicos notaram que havia mais gravidade em ação do que a matéria visível poderia explicar. Isso levou à formulação da teoria da matéria escura, uma forma invisível e indetectável de matéria, que constitui aproximadamente 27% do universo.

- Apenas cerca de 5% do universo é composto por matéria visível - estrelas, planetas, galáxias e tudo o que podemos observar diretamente.

- As galáxias são vastos sistemas compostos por estrelas, planetas, gás, poeira e matéria escura, todos unidos pela força gravitacional. Nossa própria Via Láctea é apenas uma entre bilhões de galáxias no universo observável.

- A cosmologia é o estudo da origem, evolução e eventual destino do universo. Através dela, **os cientistas** procuram compreender a estrutura fundamental do universo e seus componentes.

- Albert Einstein revolucionou nossa compreensão do espaço e do tempo com sua Teoria da Relatividade. Essa, teoria composta por duas partes fundamentais, a Relatividade Restrita (1905) e a Relatividade Geral (1915), reformulou nossa visão de espaço, tempo e gravidade.

- O futuro do universo permanece um tópico de intensa pesquisa e especulação. Algumas teorias sugerem um "Big Freeze", onde o universo se expandirá indefinidamente até que toda a energia térmica se dissipe. Diante de tudo o que descobriu, Ethan considerava essa possibilidade difícil, dada a natureza finita do sistema. Para ele, tudo tem um início, meio e fim. Outras teorias, no entanto, sugerem um 'Big Crunch', no qual o universo entraria em colapso, retornando a um estado inicial.

- O universo permanece como uma fronteira de proporções consideravelmente vastas, ainda não completamente desvendado. Com os avanços tecnológicos e a pesquisa científica contínua, nossa compreensão do universo e nosso lugar nele continuam a crescer e evoluir.

Ethan estava transbordante de diversão para embarcar em sua jornada e descobrir até onde a lógica desse sistema o levaria. Ele compreendeu que todo o processo se originou a partir de um único átomo e, conforme avançava de sistema em sistema, observava um padrão de crescimento contínuo. Dois grupos distintos foram identificados: um primeiro composto por quatro sistemas pequenos com núcleos positivos, e um segundo grupo com sistemas maiores sem núcleo, todos se encaixando harmoniosamente para formar um sistema que avançava em uma única direção.

Nesse momento, Ethan concebeu a ideia de representar visualmente essa configuração, imaginando como seria se fosse possível esticar esses sistemas para ilustrar suas interações dinâmicas. Ele percebeu que a lógica observada em sistemas menores se replicava em escalas maiores, sugerindo uma correspondência universal entre os padrões que governam o cosmos.

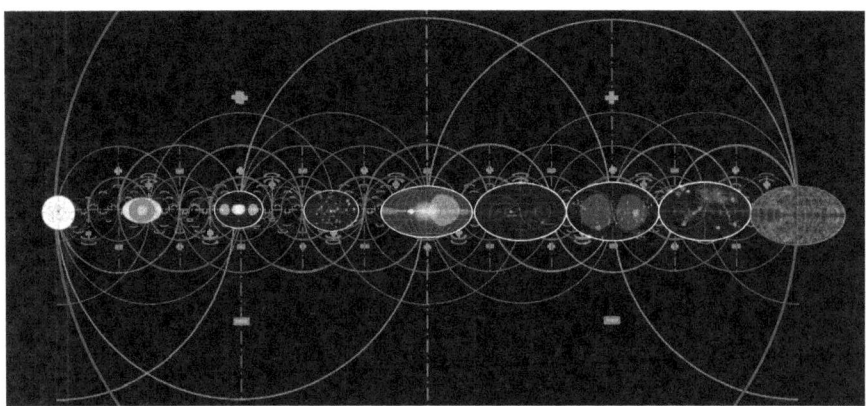

Resumo

Neste capítulo, Ethan nos guia por uma jornada fascinante através das maiores estruturas do universo. Desde o nosso Sistema Solar, passando pela Via Láctea e chegando aos vastos superaglomerados, como o Virgo Supercluster e Laniakea, exploramos as interconexões cósmicas e os padrões que governam esses sistemas. Ethan utiliza as ferramentas e métodos desenvolvidos em suas investigações para desvendar a sinfonia cósmica que rege o movimento e a interação das galáxias, revelando a harmonia intrínseca do universo.

Pontos-chave

1. **Sistema Solar:** Análise da organização e interações dos planetas e outros corpos celestes, destacando a influência das forças eletromagnéticas e acústicas.

2. **Via Láctea:** Exploração dos braços espirais e do núcleo galáctico, compreendendo as influências das forças eletromagnéticas.

3. **Grupo Local:** Investigação das galáxias vizinhas, como Andrômeda, e a ausência de um núcleo definido, revelando interações acústicas e eletromagnéticas.

4. **Virgo Supercluster:** Análise das vastas interações no Superaglomerado de Virgem, destacando a importância das linhas de amarração e das interações acústicas.

5. **Laniakea:** Estudo do superaglomerado de Laniakea, revelando a influência do Grande Atrator e a interconexão das galáxias em uma escala colossal.

Glossário de Termos Técnicos

- **Braço de Órion:** Um dos braços espirais da Via Láctea onde nosso Sistema Solar está localizado.

- **Nuvem Interestelar Local:** Região de gás interestelar que o Sistema Solar está atravessando atualmente.

- **Grande Atrator:** Região de alta gravidade no centro do superaglomerado Laniakea.

- **Superaglomerado:** Uma enorme coleção de galáxias, como o Virgo Supercluster e Laniakea.

- **Energia escura:** Forma misteriosa de energia que se acredita estar impulsionando a expansão acelerada do universo.

- **Matéria escura:** Matéria invisível e indetectável diretamente, que constitui aproximadamente 27% do universo.

- **Infrassons:** Ondas sonoras de baixa frequência que são imperceptíveis ao ouvido humano.

- **Ultrassons:** Ondas sonoras de alta frequência, além da capacidade de audição humana.

Conclusão do Capítulo

Ao longo deste capítulo, Ethan nos leva a uma exploração profunda das maiores estruturas do universo, revelando a complexidade e a harmonia que permeiam o cosmos. As interações e padrões observados desde o Sistema Solar até Laniakea demonstram que o universo é regido por princípios universais que transcendem as escalas e naturezas dos sistemas. A investigação de Ethan revela que, independentemente da escala, as mesmas leis cósmicas governam o comportamento das galáxias e superaglomerados, sugerindo uma interconexão profunda e universal.

Com cada descoberta, a visão do universo se torna mais clara e complexa, convidando-nos a continuar explorando e buscando compreender as forças que moldam nossa existência. Este capítulo não apenas amplia nosso entendimento do cosmos, mas também nos inspira a seguir em frente na busca incessante por conhecimento, sabendo que cada resposta encontrada abre novas portas para mistérios ainda mais profundos.

Capítulo 7

Rumo ao desconhecido

"A Terra é um palco muito pequeno
em uma vasta arena cósmica."

— Carl Sagan

O Destino

Após explorar o Sistema Solar e a Via Láctea, Ethan estava pronto para uma compreensão mais profunda do universo em sua verdadeira essência. Com a expertise acumulada, ele agora pode tirar conclusões importantes. Entre essas **lições**, a mais proeminente era a percepção de que o universo parecia ser regido por uma intricada reprodução de padrões. Uma questão que constantemente o intrigava era: por que tudo no universo está em movimento? Outra pergunta que o desafiava era: para onde estamos indo? Ethan lembrava-se de que a única área visível do sistema era aquela relacionada à força eletromagnética. Portanto, por ser visível, o universo deveria pertencer a essa zona, composta por três sistemas.

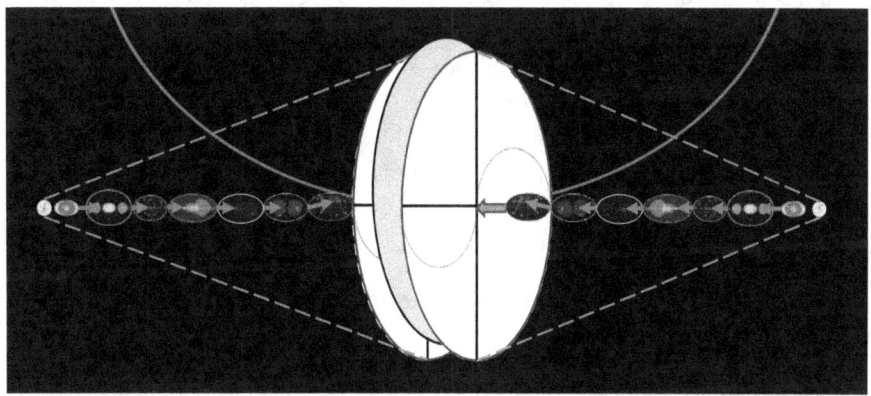

Essa configuração poderia ser interpretada como um sistema de "Tripla inversão". "Eureka!", exclamou Ethan ao perceber que todos esses sistemas, semelhantes aos planetas do Sistema Solar, eram influenciados pela gravação cósmica e por notas musicais.

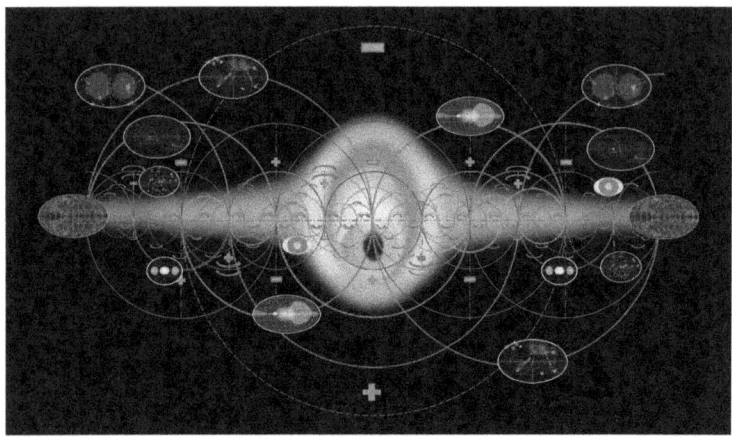

Ao traçar as interações cósmicas, Ethan deparou-se com um padrão intrigante: sete sistemas, cada um conectado a uma das linhas de interação da sinfonia cósmica. Essas conexões transcendiam as barreiras das escalas cósmicas e ecoavam uma harmonia universal, como se a própria estrutura do cosmos fosse uma partitura em constante evolução. Cada sistema, desde os superaglomerados galácticos até o átomo, parecia desempenhar seu papel único nessa sinfonia cósmica.

A analogia musical levou Ethan a questionar como seria a melodia resultante da sobreposição de todas essas interações. Ele imaginou a possibilidade de um som grandioso, quase divino, emergindo da soma de todas as frequências cósmicas. No entanto, sua busca por respostas o levou a uma revelação crucial, compartilhada por um mestre da música. A analogia musical tinha limitações em relação à realidade das frequências sonoras. O mestre explicou que, ao tocar várias notas ao mesmo tempo, não se cria uma única nota resultante da superposição das frequências. Em vez disso, as frequências individuais coexistem, e o ouvido humano as percebes como notas distintas, o que pode levar a uma sonoridade complexa e muitas vezes dissonante.

A sinfonia cósmica não se tratava de uma combinação sonora audível, mas sim de uma interação complexa e orquestrada. As linhas de interação não se somavam para criar um som harmonioso, mas direcionavam as energias e influências de cada sistema, mantendo a estabilidade e a coexistência dentro do grande sistema cósmico. Ethan percebeu que a verdadeira beleza da sinfonia cósmica estava na dança dessas influências, nas relações interconectadas que moldam o cosmos em todas as suas escalas. Cada sistema tinha sua própria voz, sua própria contribuição, e, juntos, eles compunham um espetáculo majestoso, uma coreografia de forças invisíveis e leis universais que governam a vastidão do universo.

Essa compreensão mais profunda reforça a importância de explorar e respeitar a complexidade do cosmos, de continuar a busca pelo conhecimento sem perder de vista o fascínio e o mistério que permeiam nossa existência. A jornada de Ethan, que começou com a curiosidade de um indivíduo, estava se transformando em uma jornada de descoberta e conexão com o próprio tecido do universo.

Diante de Ethan, havia um espetáculo de prazer complexo e intrincado, culminando em um resultado que irradiava uma sensação de equilíbrio. Esse resultado representava a conclusão de todos os processos e interações que ocorrem no sistema. Considerando que este é o sistema principal do universo, Ethan especula sobre a possibilidade de uma força gravitacional ser uma influência por trás desse resultado.

Mesmo contendo sistemas de tripla inversão, Ethan sabia que o sistema do universo não possuía um núcleo distinto. Isso enfatiza ainda mais a complexidade e a singularidade do sistema universal. O padrão subjacente que ele descobriu, com suas zonas, interações e inversões de polaridade, leva a uma compreensão mais profunda da estrutura e da natureza do universo em que ele habita.

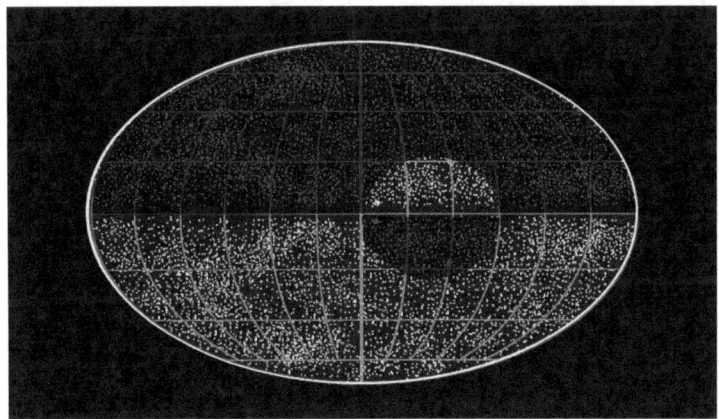

Ele compreendeu que o universo era moldado pelas gravações cósmicas, assim como os demais sistemas que não possuem núcleo.

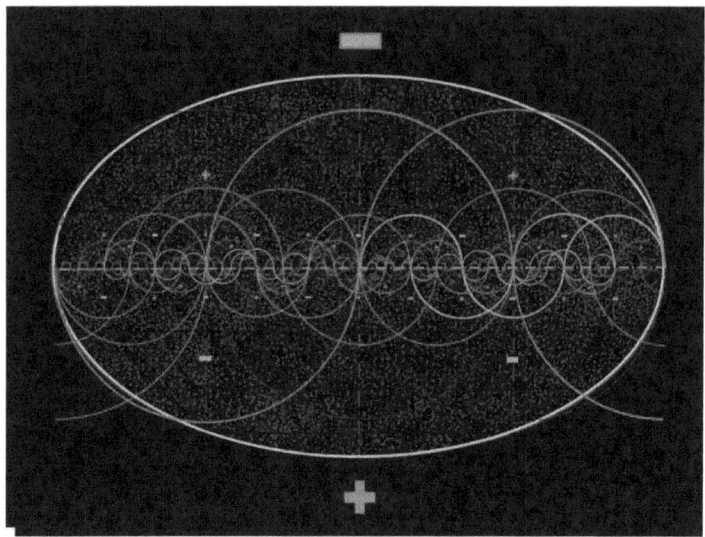

Da mesma forma, as linhas de amarração fizeram parte integrante do processo até alcançar o resultado. Ethan, aplicando a mesma lógica que utilizou com o Grupo Local e o Superaglomerado de Virgem, sentiu-se hipnotizado pelo resultado.

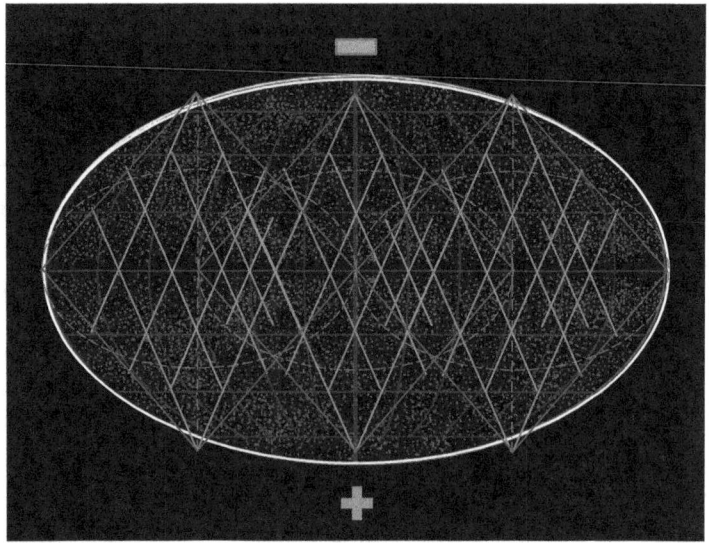

Repetindo a mesma lógica que aplicou ao Sistema Solar e à Via Láctea, concluiu que, por se tratar de um sistema relacionado à zona eletromagnética, solicitado também de um sistema final.

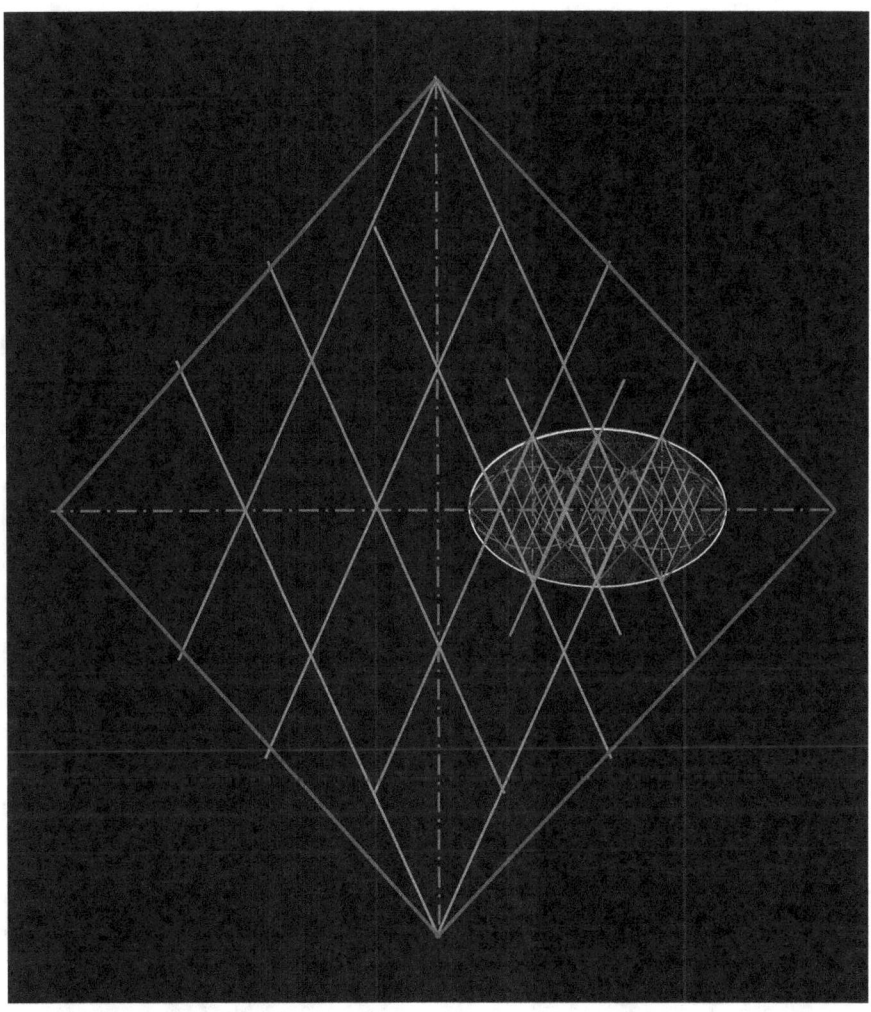

O Sistema

A cada vez que Ethan se depara com essa configuração, ele percebe que ela pertence a um sistema maior, encaixando-se como uma engrenagem em um mecanismo cósmico mais amplo. No entanto, algo incomum começa a surgir conforme ele analisa sistemas de tripla inversão: o padrão é consistentemente composto por um sistema positivo e dois sistemas negativos. Diante dessa peculiaridade, Ethan raciocina que, se considerarmos o sistema completo do universo, incluindo seu núcleo, esse padrão sugere a presença de dois sistemas positivos e um sistema negativo, representado por um buraco negro visível de polaridade negativa.

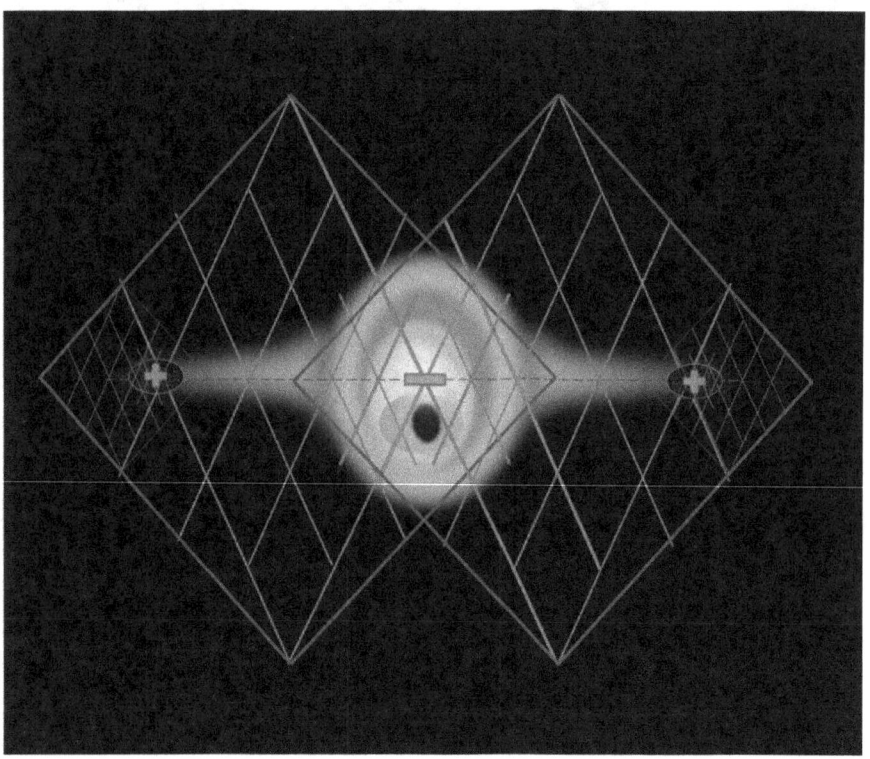

A constatação de um buraco negro visível de polaridade negativa sugere a existência de um buraco negro invisível de polaridade positiva. Agora, parecia evidente que, após finalizar as interações internas do sistema, as polaridades sobrariam como o agente principal.

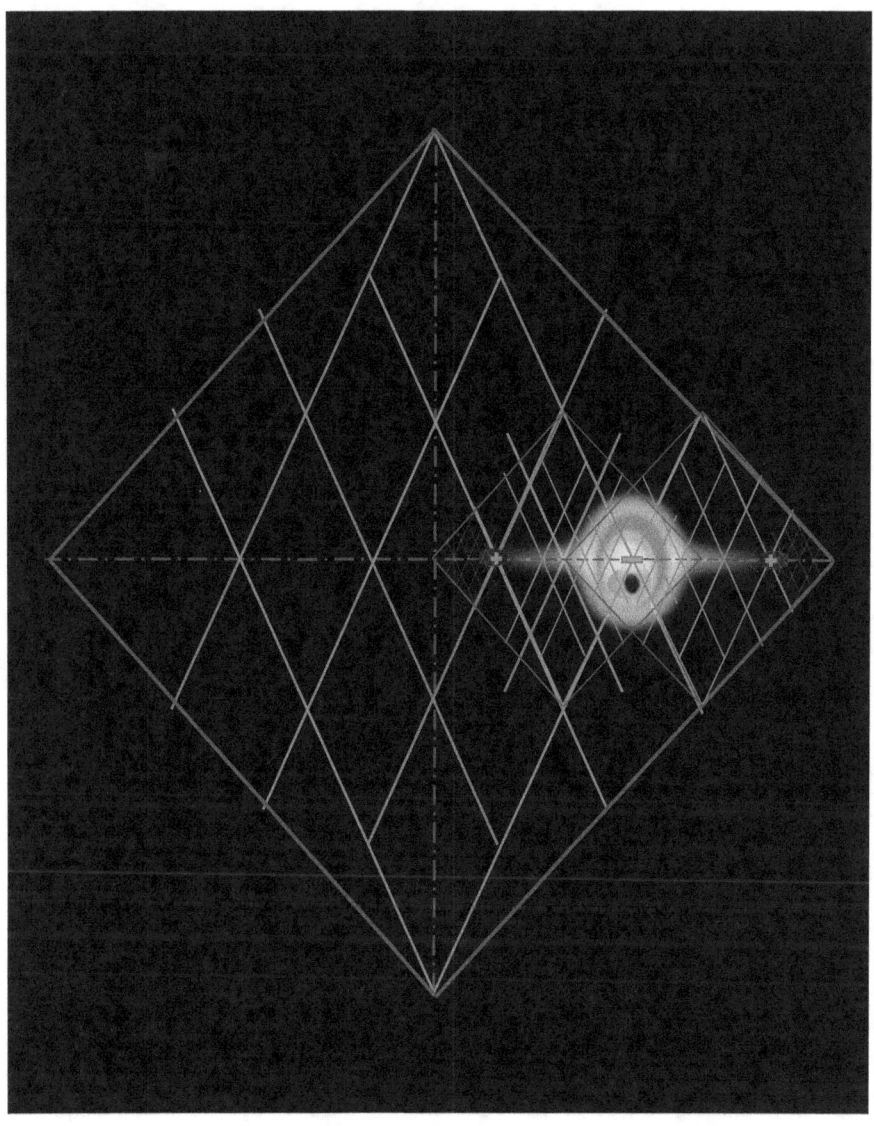

A mente de Ethan continuava a girar, dessa vez em torno do buraco negro invisível de polaridade positiva. Ele imagina que o tipo de buraco negro invisível positivo deve ser o princípio da gravação cósmica das transmissões de onda. Observando o sistema encontrado, Ethan começou a prestar atenção ao universo. Uma característica que atrai sua atenção era que o universo era um sistema positivo e, nessa configuração, estaria se direcionando para o buraco negro visível de polaridade negativa.

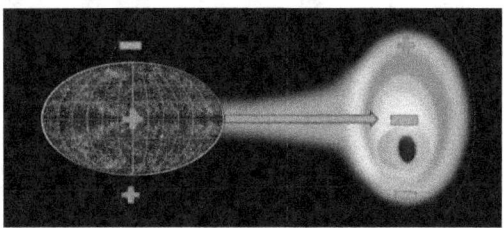

A ideia mais lógica parecia ser considerada que toda a matéria do universo é formada por átomos. Considerando que o núcleo de cada átomo é de polaridade positiva, ele deduziu que o responsável pela movimentação da matéria no universo seria a atração do buraco negro visível de polaridade negativa, ao longo do percurso que o núcleo teria de percorrer.

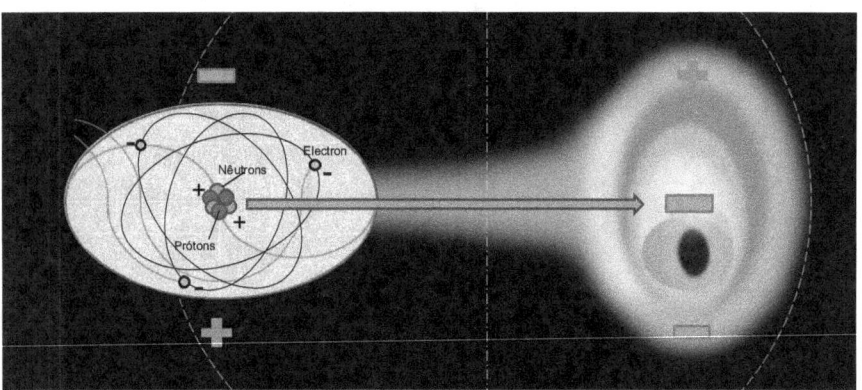

Partindo do princípio de que os elétrons estão interligados ao núcleo devido à força nuclear forte, a conclusão mais lógica seria que a transferência dos elétrons na órbita do núcleo resulta do movimento do próprio núcleo. Dessa maneira, cada elétron percorreria exatamente a sua própria sinfonia enquanto orbitava o núcleo, atraído pelo buraco negro. Mais perto do buraco, mais rápida a velocidade de deslocamento do núcleo, chegando a uma fase de aumento da velocidade que produz a força eletromagnética.

Essa simples possibilidade explica por que tudo no universo está em constante movimento. O universo que conhecemos é um sistema com matéria, e a matéria contida dentro do universo permanece em suas próprias interações internas do sistema. A confiança de Ethan cresceu. Ele já não precisava se preocupar em prever o que encontraria em cada um desses sistemas. Com a conclusão de ter desvendado o funcionamento básico, veja que poderia simplesmente replicar essas informações.

Desvendando os Segredos Cósmicos

Chegara o momento de Ethan considerar retornar à sua casa, trazendo consigo os fascinantes resultados de suas explorações cósmicas. Contudo, antes de encerrar esta etapa, ele sabia que algumas dúvidas cruciais precisavam ser enfrentadas. Questões ainda permanecem em sua mente sobre o gabarito das zonas positivas e negativas como zonas de influência no sistema Terra.

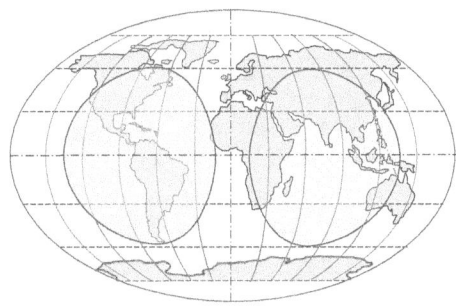

Ethan então se recordou do gabarito originado dessa configuração, juntamente com as linhas de amarração.

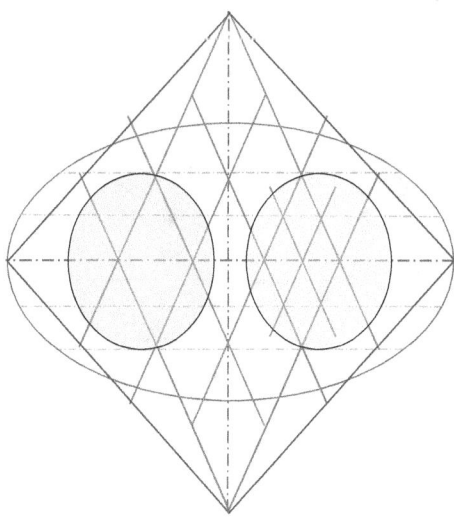

Ele começou um imaginário que poderia explicar as interações da partícula em sua trajetória entre essas duas zonas, considerando que o percurso entre elas representava um sistema próprio.

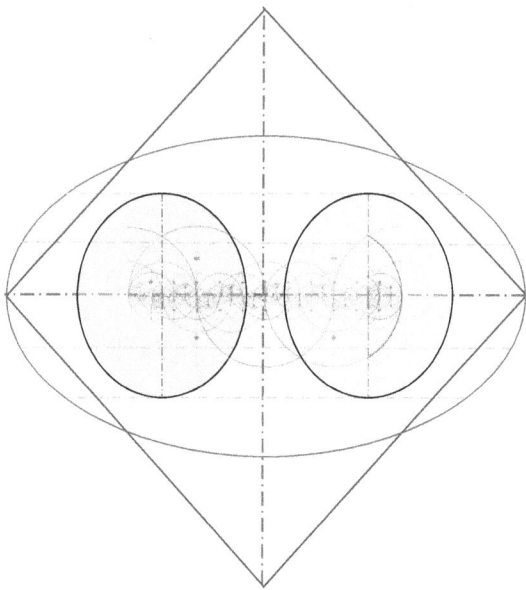

Ele lembrou do momento em que descobriu a sequência dos três sistemas influenciados pela força eletromagnética, formando um novo sistema com linhas de interconexão ligando esses três sistemas.

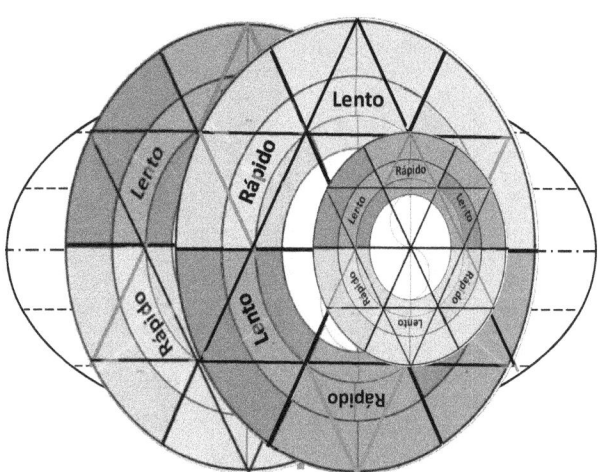

Para iniciar seu raciocínio, Ethan considerou a Terra como o sistema principal. Como já havia sido observado, este sistema refere-se às interações decorrentes do movimento da partícula. Dentro desse contexto, parecia evidente que essas três zonas encontradas poderiam ser consideradas como lâminas interagindo no sistema. A primeira seria relacionada à zona negativa original do sistema acústico, a segunda decorrente da força eletromagnética originária da zona eletromagnética, e o sistema do meio, com polaridade invertida, estaria ligado ao percurso completo, tendo como referência principal os ultrassons, ligando cada uma das zonas positivas e negativas.

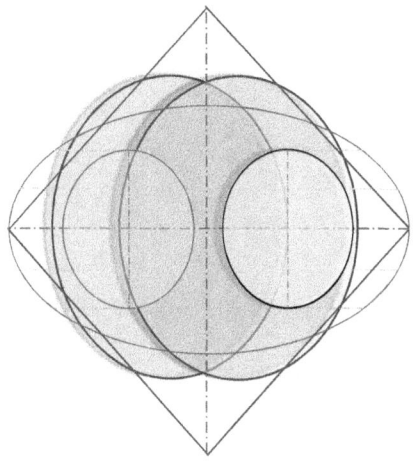

Análise das Lâminas

Ethan descobriu que essa configuração deveria **incluir** três lâminas, representando três estados diferentes de interação no sistema. Da mesma maneira que iniciou sua pesquisa a partir das linhas de interações e encontrou as linhas de amarração, parecia que agora ele acabava de encontrar uma nova configuração decorrente de lâminas de interações. Considerando essa possibilidade, ele começou a imaginar que as configurações encontradas até agora também poderiam ser consideradas lâminas, cada uma apresentando características específicas da localização da partícula ao longo de sua sinfonia cósmica completa.

Compreendendo que as três primeiras lâminas apresentavam interações no sistema, ele começou a imaginar que tipo de interações representariam o próprio sistema. Parecia evidente que uma delas seria o sistema de tripla inversão, com seu núcleo central representando, no caso do sistema Terra, seu núcleo.

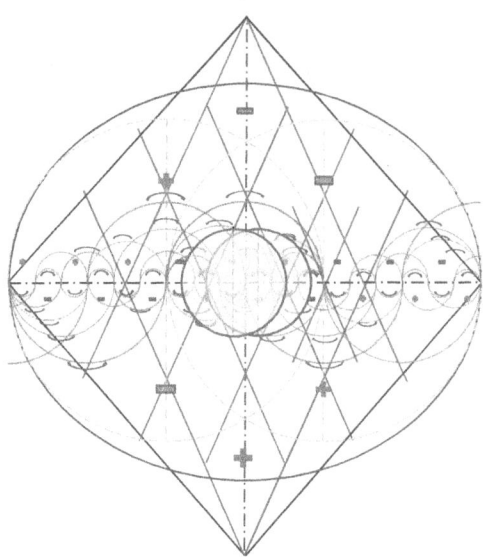

Considerando que essas lâminas representam a essência do sistema, surgiu a ideia de que uma lâmina que representa a sinfonia cósmica da partícula poderia estar ligada às interações utilizadas para configurar o sistema de tripla inversão original da zona da força atômica fraca, ligada à zona da matéria.

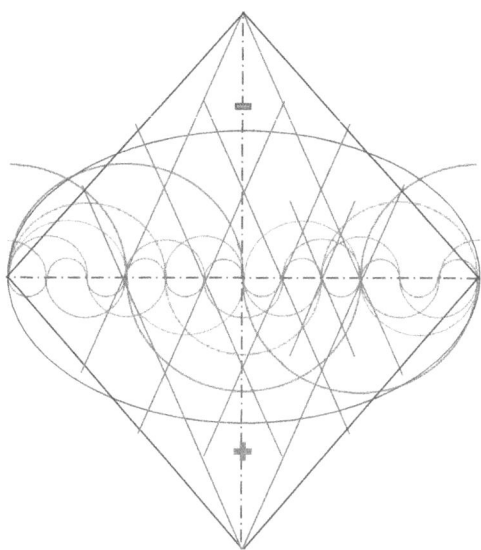

Dessa maneira, o sistema resultante das interações acústicas surgiria como a lâmina correspondente à sinfonia acústica completa, encontrada na zona gravitacional.

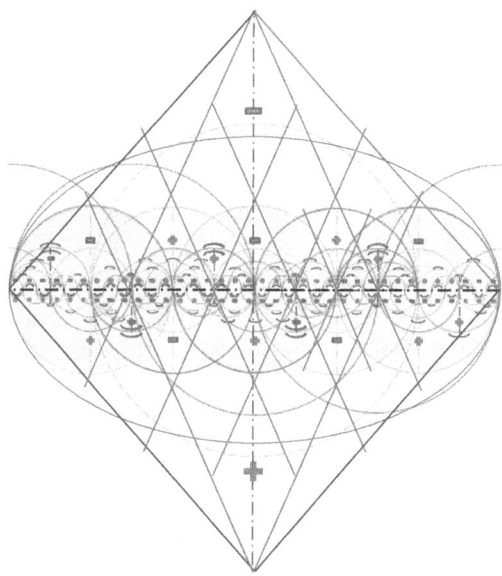

Nesse estágio de sua pesquisa, ficou evidente para Ethan que essas seis lâminas formavam um sistema composto por três lâminas acústicas e três eletromagnéticas.

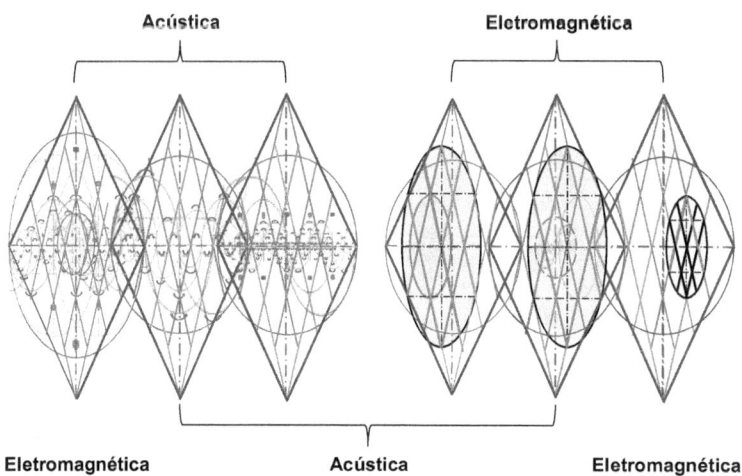

Para compreender o processo que influencia cada uma dessas lâminas, sabendo que o sistema que orquestra essas interações é um sistema acústico, percebemos que em cada uma de suas zonas, lenta ou rápida, existem dois sistemas secundários, começando pelo sistema acústico e, em seguida, pelo sistema eletromagnético. Assim, dentro do sistema acústico, encontramos as mesmas zonas que buscamos desvendar desde o início de nossa investigação.

Teoria das Interações da Partícula

Toda essa teoria se baseia no movimento de uma partícula. Assim, o objeto principal é uma partícula e o percurso que ela realiza para completar seu ciclo. Entendendo que isso é uma única ação, podemos concluir que uma partícula se inicia na zona da força atômica forte, com orientação voltada para um futuro próximo. Seguindo o funcionamento do sistema, sabemos que seu objetivo é finalizar o seu ciclo entrando na zona eletromagnética, onde encontramos o sistema de tripla inversão. Considerando que uma partícula representa a matéria, o sistema encontrado na zona da força atômica fraca será o sistema da sinfonia **resultante** dessa única volta, chamada desde o início da sinfonia dos infrassons. ações ligadas à frequência encontrada na zona gravitacional.

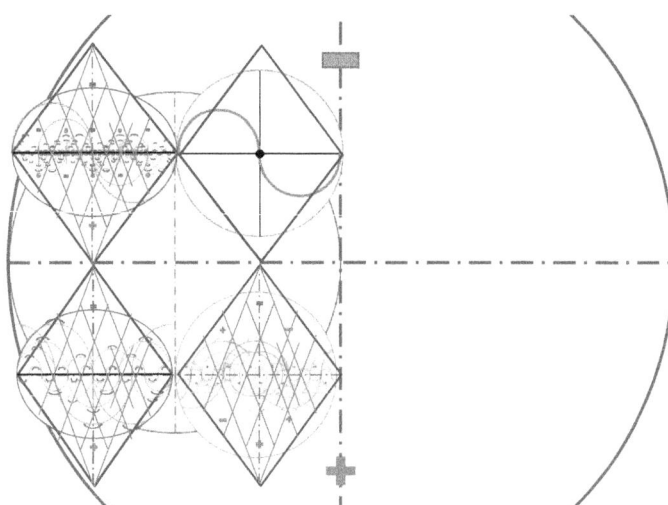

Segunda Metade do Sistema

Entrando na segunda metade do sistema principal, encontraremos o sistema avaliado na zona da força atômica forte e na zona eletromagnética.

Sabendo que essa zona é ligada ao som, podemos concluir que o primeiro sistema encontrado decorrente da frequência da partícula será o sistema do som, encontrado na zona gravitacional, por ser a consequência do que aconteceu anteriormente. O próximo sistema, seguindo a sequência do ramo jurídico, será originado dos ultrassons, como resultado do posicionamento da partícula dentro da zona eletromagnética e culminando na sua propriedade no sistema da força eletromagnética. Seguindo o funcionamento do sistema, sabemos que o próximo estado será uma orientação para a zona da força eletromagnética, onde encontrar a zona de interação dessa força, definindo o sistema principal. Compreendendo que o início do raciocínio foi entender a frequência resultante do movimento da partícula, agora o resultado só poderia ser a própria partícula, mas com polaridade invertida.

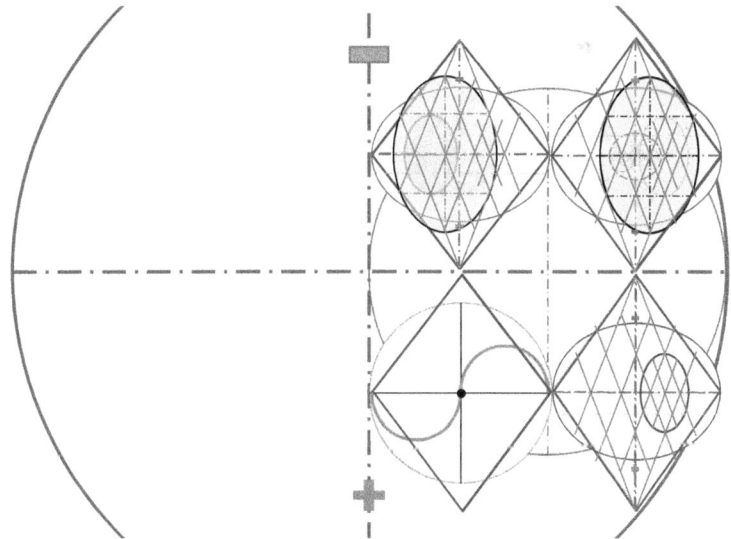

Conclusão

Ethan, com essa nova compreensão, Ethan descobriu que estava prestes a desvendar os segredos cósmicos. Cada lâmina de interações, cada sistema secundário e cada linha de amarração contribuíram para uma visão mais clara e específica do universo. Sua jornada, que começou com simples questionamentos, agora o conduzia a uma compreensão mais profunda e coesa das forças que regem o cosmos. Ele sabia que sua missão ainda estava longe de ser concluída, mas cada descoberta o levava mais perto da verdade universal.

Conclusão das Interações

Observando o resultado, Ethan acreditou ter desvendado a sequência completa das interações que ocorrem entre os dois sistemas invertidos identificados desde o início do nosso raciocínio.

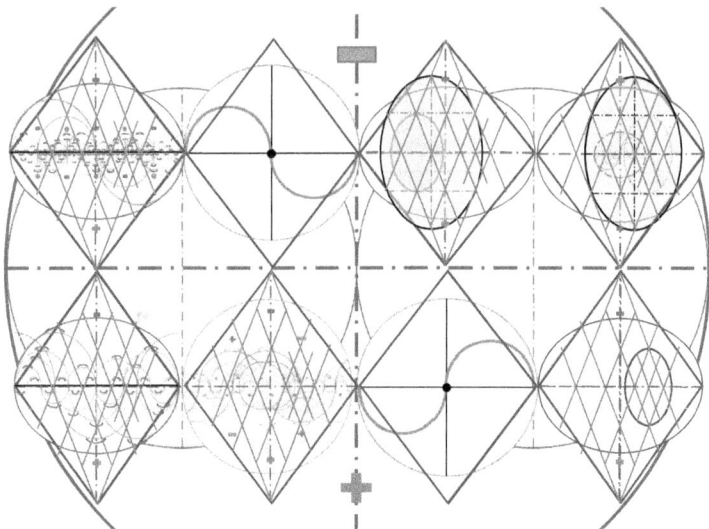

Agora, a lógica da configuração observada, com a inversão de polaridade e a rotação do sistema interno ao sistema principal, tornou-se clara.

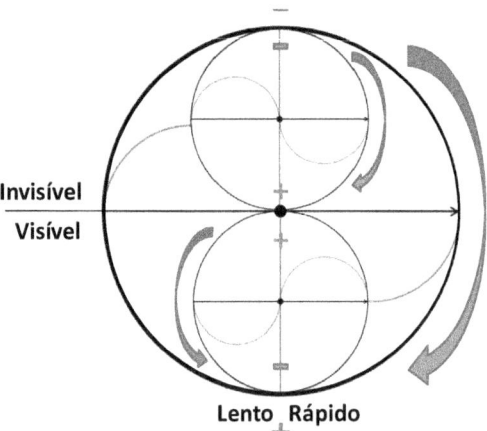

Neste momento, Ethan vislumbrou a possibilidade de que este sistema representasse a ligação entre a zona negativa e a zona eletromagnética. Dessa forma, podemos considerar que uma zona negativa corresponderia a um buraco negro positivo, representando o início do sistema de transmissão de onda, e a zona positiva, a um buraco negro visível negativo. A razão dessa inversão de polaridade provavelmente está relacionada à polaridade observada na entrada da partícula em cada uma dessas zonas. Na zona acústica, a partícula entrou em positividade, enquanto na zona eletromagnética, entrou em negatividade. No entanto, ainda era necessário reunir cada uma dessas camadas, e Ethan concluiu que a própria estrutura das linhas de interconexão do sistema seria responsável pela localização de cada uma dessas lâminas.

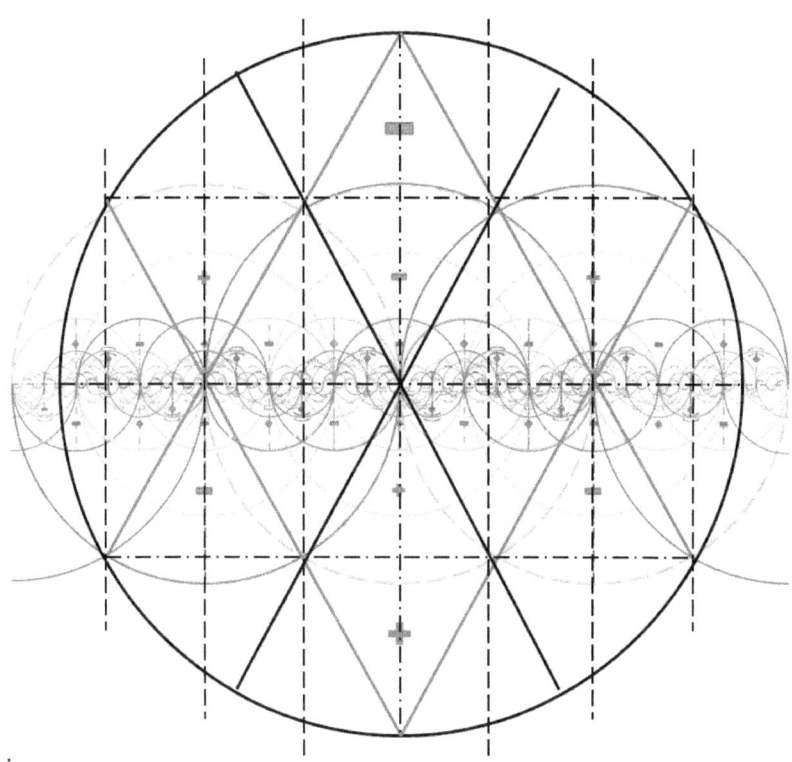

Após inúmeras tentativas, Ethan determinou que as orientações para a localização de cada uma dessas lâminas indicassem os pontos de interação entre as linhas de polaridade positiva e negativa, oferecendo três posicionamentos possíveis em cada uma.

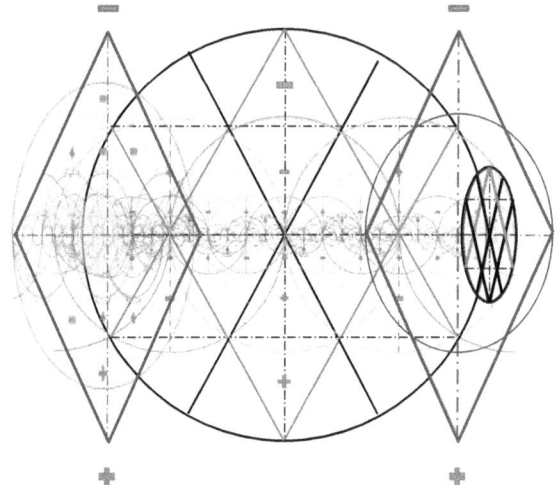

Tornou-se mais fácil para Ethan posicionar as lâminas subsequentes, conforme explicado anteriormente no posicionamento de cada uma. O resultado encontrado na figura abaixo aparentemente apresenta cada estado decorrente do movimento da partícula.

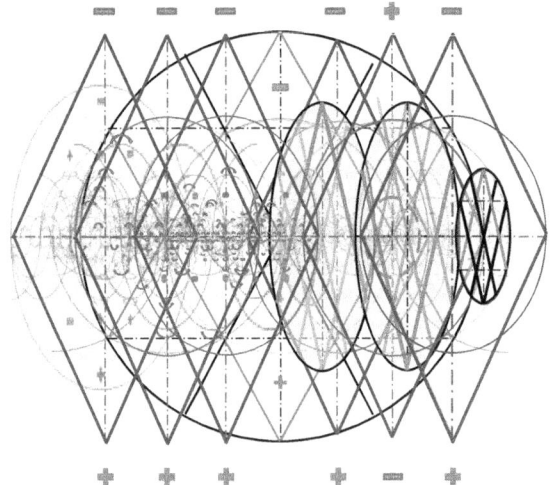

No entanto, ainda faltavam duas lâminas: a lâmina correspondente à frequência da partícula e a lâmina que representava a própria partícula. Considerando que o sistema é acústico e que nessa configuração encontramos sete lâminas iniciais das notas musicais, iniciando pelo Dó grave até o Si, bem como a última nota (Dó 1/8 abaixo) do Dó agudo.

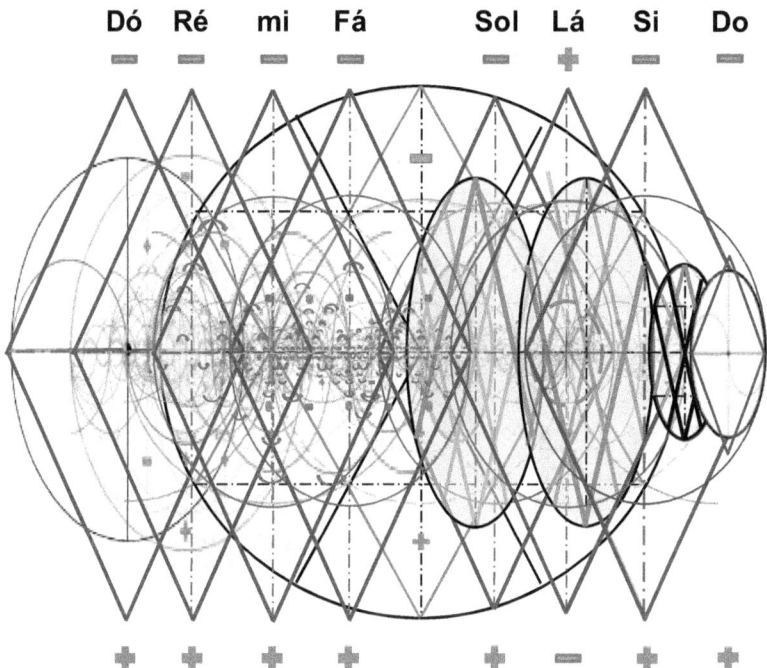

Dó Ré mi Fá   Sol Lá Si Do

Conclusão

Em conclusão, a jornada de Ethan pelo universo revelou não apenas a complexidade dos sistemas cósmicos, mas também a interconexão meticulosa que permeia cada aspecto do cosmos. Suas descobertas não apenas ampliaram nosso entendimento da física e da natureza do espaço, mas também nos instigaram a questionar e explorar ainda mais os segredos que o universo guarda. Agora, ao término de sua jornada, emergia a revelação de lâminas interagindo entre si em tempo real. Como a força eletromagnética decorre do movimento da partícula, conclui-se que ela existe exclusivamente no presente, o que poderia caracterizá-la como uma lâmina temporal.

Ao enfrentar dúvidas cruciais e perseverar através de desafios, Ethan demonstrou a resiliência e a curiosidade inatas ao espírito humano. Sua busca incansável pela compreensão nos lembra da vastidão do desconhecido que ainda aguarda além das estrelas e nos inspira a continuar nossa própria jornada de descoberta e exploração no infinito cosmos. Animado pela conclusão que acabara de encontrar, Ethan teve a ideia de verificar como essa sequência interage com o sistema terrestre, incluindo a Lua e o Sol. Como pode ser visto na figura que ilustra seu raciocínio, é possível relacionar os resultados encontrados no sistema terrestre com o sistema das lâminas, iniciando pela partícula representada pelo núcleo interno invisível e finalizando a sequência pelo Sol. Uma característica interessante nessa configuração é que a crosta terrestre se apresenta como o link que interage tanto com a parte acústica sólida quanto com a parte eletromagnética líquida ou gasosa, além das interações na matéria representada pela Lua no que se refere às interações eletromagnéticas, e o Sol sendo a fonte visível da energia eletromagnética.

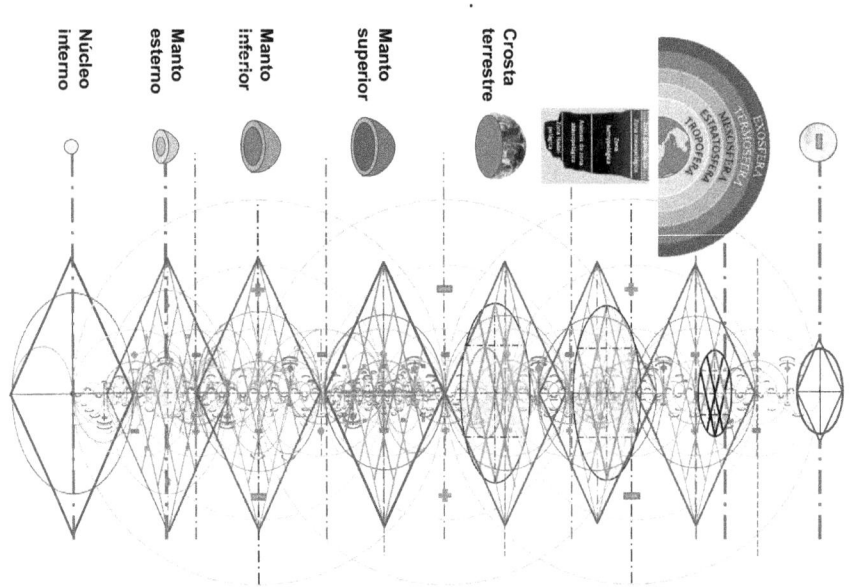

O que pode ser constatado é que a sequência se inicia por uma referência eletromagnética, passando por uma sequência acústica e finalizando como uma fonte eletromagnética.

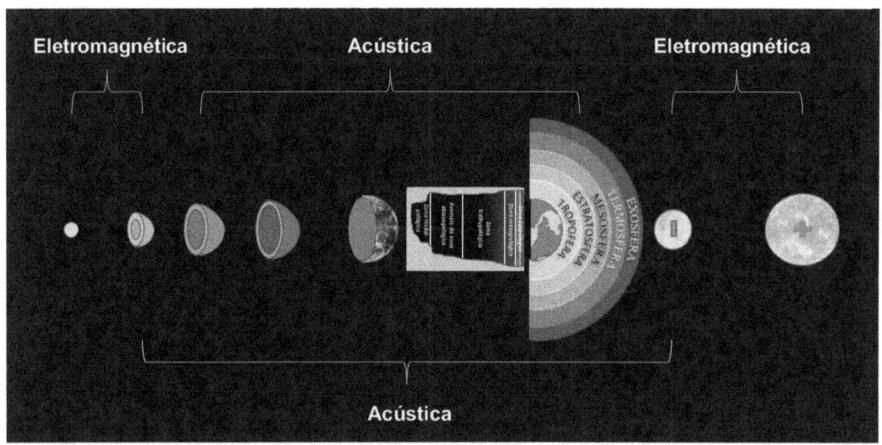

Quando Ethan especificou os planetas de acordo com o aumento de diâmetro, ficou evidente que nessa sequência ainda faltava a última fonte eletromagnética para acompanhar a lógica do arranjo.

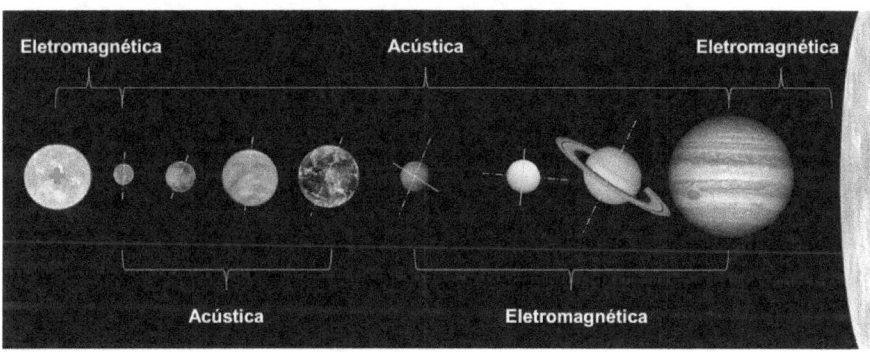

Exploração do Sistema Solar e do Universo

Quanto à sequência dos sistemas encontrados no universo, o processo se repete, diminui também a ausência da última fonte eletromagnética. Conforme constatado por Ethan ao tentar compreender o funcionamento do Sistema Solar, as evidências apontaram para a existência de uma interação entre o sistema acústico e o sistema eletromagnético, apresentando quatro sistemas com núcleo, incluindo o sistema atômico, com a Via Láctea localizada como um elo, e suas duas interações representadas pelo Long Bar e o Galaxy Bar, que resultam da interação entre o sistema acústico e o eletromagnético. Os demais sistemas, desprovidos de núcleo, apresentam uma estrutura que se assemelha ao que conhecemos como o universo.

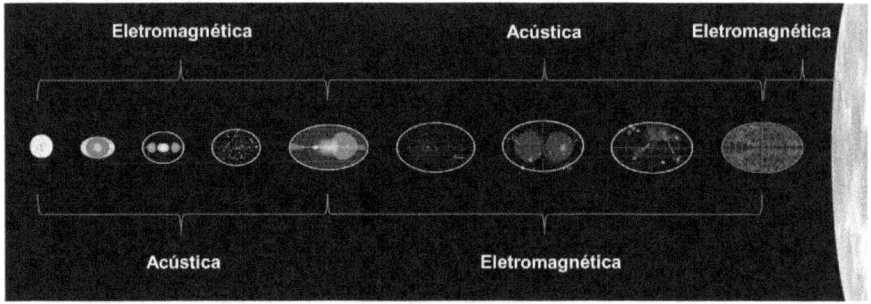

Podemos imaginar que o último estágio da sequência seria uma fonte eletromagnética. Alinhando essas três sequências às duas frequências que representam o Sistema Solar e os sistemas do universo, concluímos com as maiores estruturas: Júpiter para o Sistema Solar e o universo para o sistema universal.

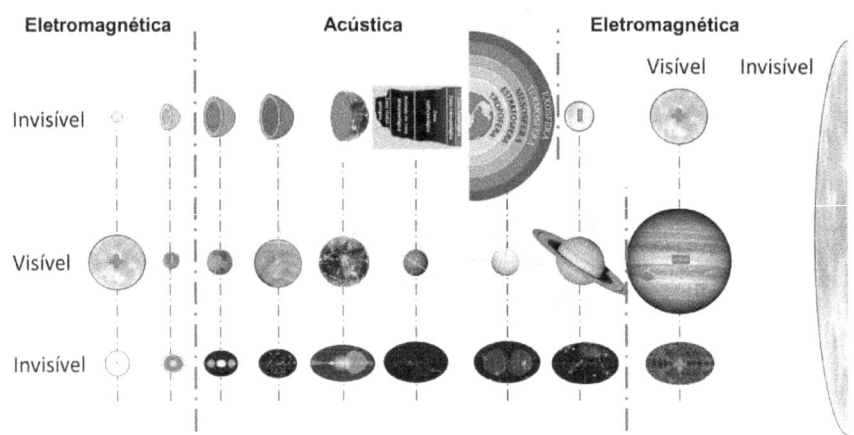

Considerando que cada uma dessas lâminas é representada por um quadrado, e imaginando unir todas as lâminas em uma única estrutura, Ethan concluiu que o resultado seria um cubo formado por seis sistemas com suas respectivas interações. A sinfonia cósmica continua após a última lâmina, provavelmente culminando na lâmina correspondente ao Dó agudo, conforme pode ser observada na figura a seguir.

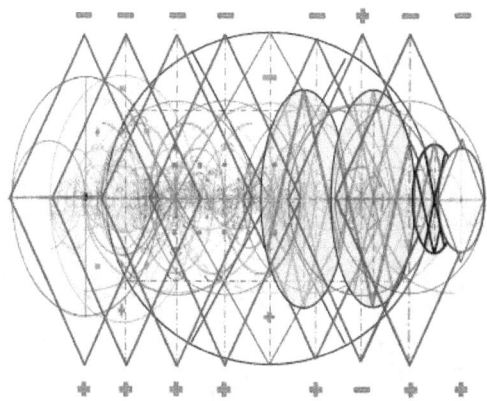

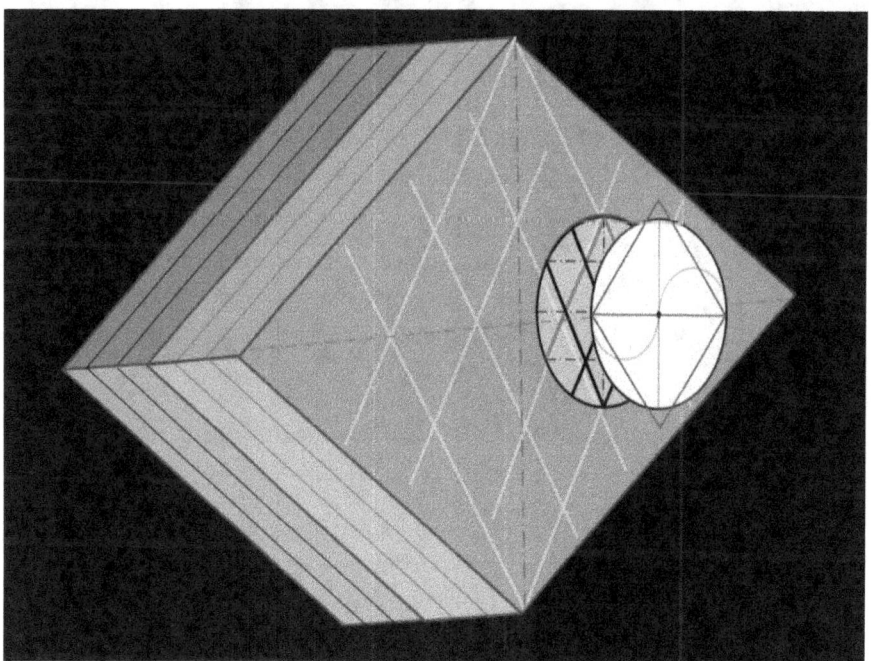

Visão do Universo

Recapitulando as estruturas e sequências obtidas, Ethan imaginou a possibilidade de haver um sistema que englobasse todos os sistemas coletados até agora. É possível perceber as mesmas formas influenciando cada uma das zonas do sistema: um quadrado na zona da força atômica forte, um triângulo na zona referente à força eletromagnética, um círculo representando as interações planetárias, uma estrutura oval para o sistema ligado aos ultrassons e, por fim, um oval representando o sistema de interações dentro da zona gravitacional.

Sabendo que todo esse conjunto depende da sequência das lâminas e que o funcionamento envolve matéria e uma fonte de atração, e considerando que as interações decorrentes do movimento da partícula continuam após a última lâmina na zona de interação da força eletromagnética, seria lógico supor a existência de uma fonte atrativa que permite avançar até o fim do seu sistema.

Esse raciocínio leva Ethan a imaginar um último sistema representado na figura a seguir.

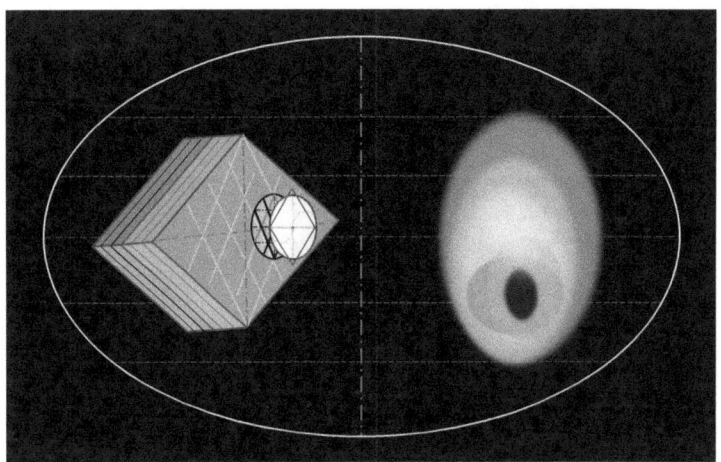

Agora restava apenas imaginar como o universo se revelaria se fosse possível observá-lo de fora. Voltando ao gabarito das interações com o sistema e do próprio sistema junto com as interações nas linhas de amarração dentro do seu quadrado, chegaríamos ao resultado apresentado na próxima figura.

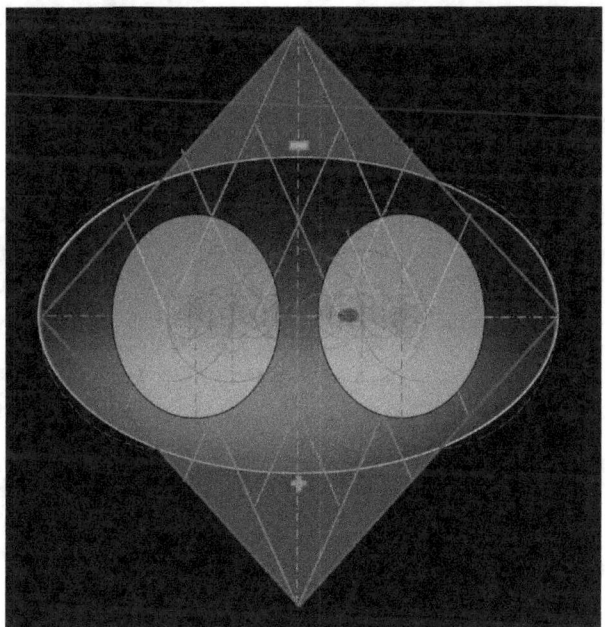

Big Bang e Interações Visíveis

Ao observar de perfil e conseguir visualizar todas as interações visíveis e invisíveis, seria possível imaginar a existência de dois sistemas diferentes: o sistema quadrado representando as interações invisíveis anteriores à aparição das interações visíveis e, posteriormente, a existência da luz, o que provavelmente chamamos de Big Bang.

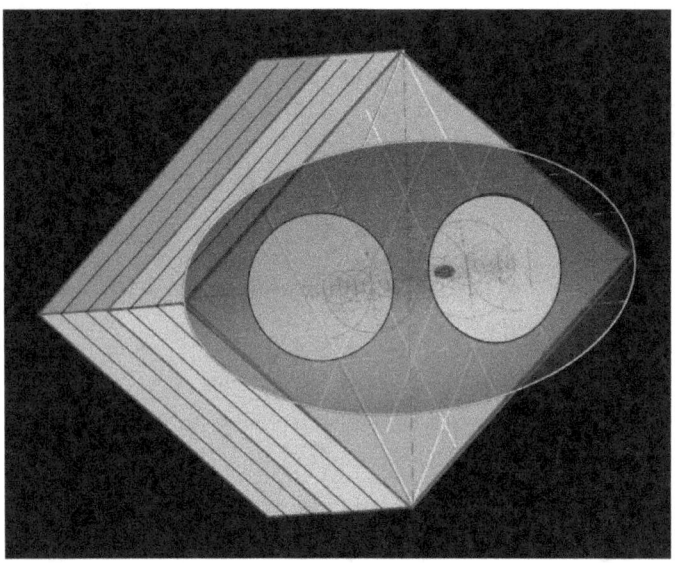

O restante do percurso apontaria a mesma sequência, porém desta vez com a matéria visível.

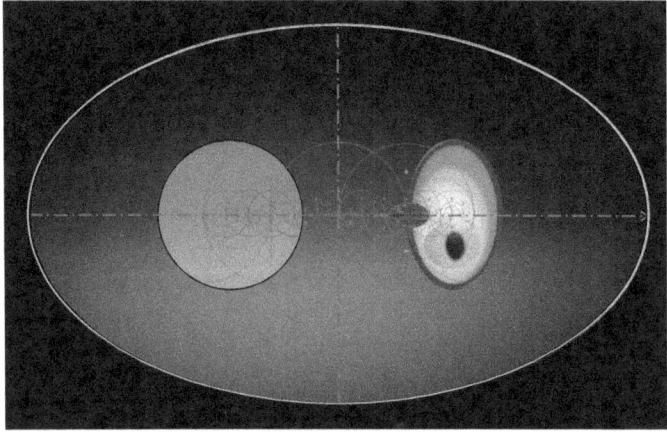

Nesse momento, Ethan imaginou que o único aspecto que imaginamos, como consequência de todos os julgamentos anteriores, seria o ilustrado na próxima figura.

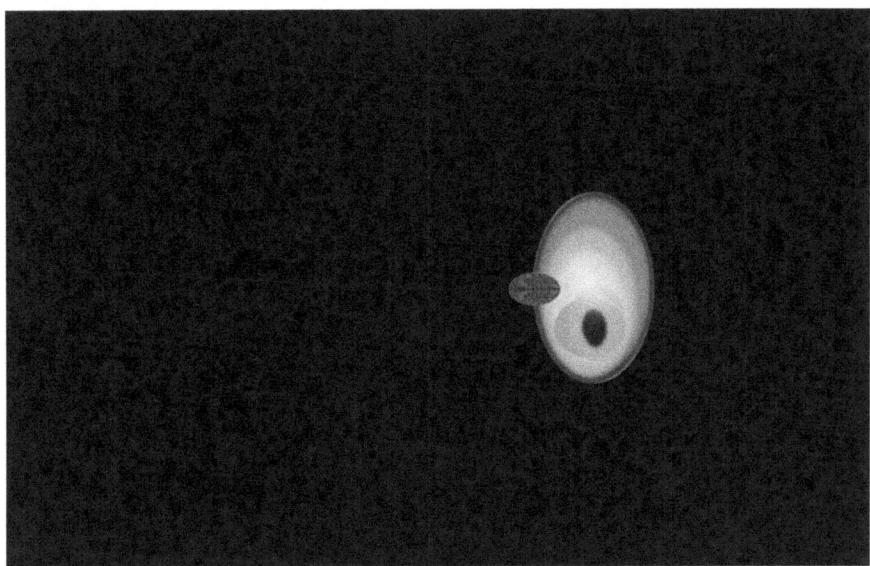

As fases

Nesse ponto, Ethan concebe a ideia de que, quando um sistema percorre a segunda metade de seu percurso, ele deve passar por doze zonas distintas decorrentes de três sistemas. No entanto, permanece um mistério como essa gigantesca massa teria passado por cada fase.

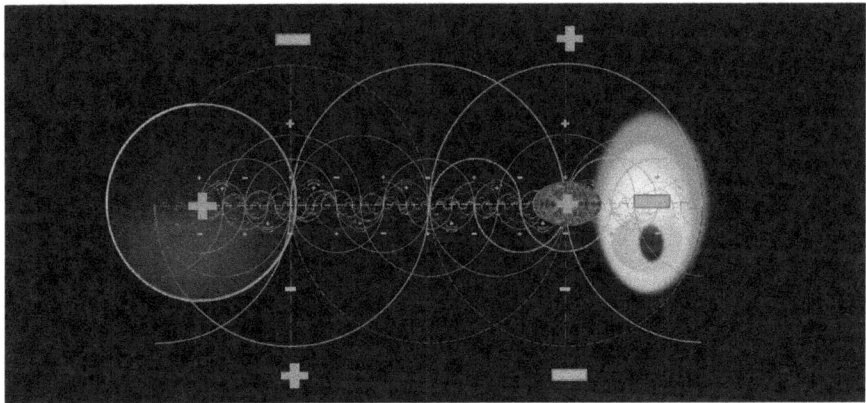

Lembrando-se das características observadas durante o percurso da partícula, Ethan reflete sobre como a primeira metade é invisível. Com a inversão de polaridade e o aumento de velocidade, interações surgem, culminando na força eletromagnética. Dessa forma, ele chegou a uma conclusão surpreendente: a energia não é intrínseca à partícula, mas sim uma consequência direta de seu movimento.

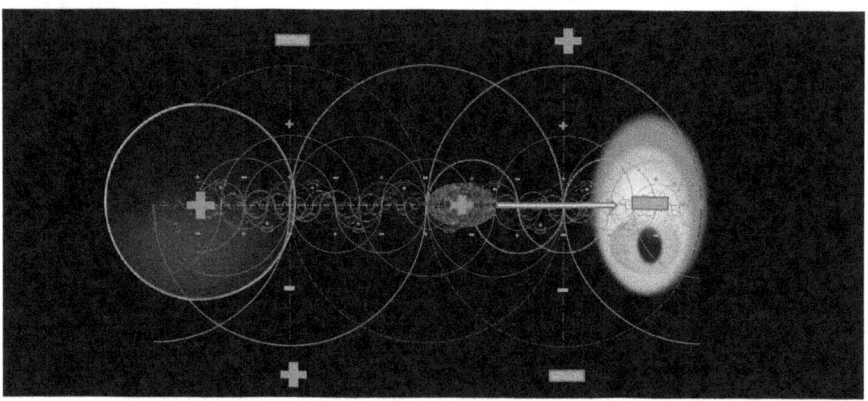

Nesse cenário, o que mais chama a atenção é a força que um buraco negro deve exercer sobre o sistema. Ethan contempla a possibilidade de que toda a matéria do universo se mova simultaneamente, fazendo com que sistemas maiores se movam lentamente, enquanto os menores adquirem velocidades mais rápidas. Ele propôs uma analogia com um átomo, onde elétrons negativos interagem com o núcleo, que é atraído pela polaridade negativa do buraco negro.

Isso leva Ethan a especular que diferentes interações podem ocorrer, dependendo da área em que a massa estiver localizada. Continuando a seguir as regras do sistema, ele lembra que a primeira metade do percurso é acústica e a segunda metade é eletromagnética. Ele compreende que essa dinâmica também se aplica a todo o percurso, tanto para a primeira metade quanto para a segunda, e se inicia em uma polaridade positiva, resultado da primeira polaridade da partícula, que foi positiva. Porém, também seria possível imaginar que, dessa vez, o buraco negro invisível positivo seja o princípio de tudo.

Assim, ele supôs que a primeira fase poderia ser a formação do buraco negro invisível positivo, simbolizando a grandiosidade do universo com a liberação de energia a partir de um único ponto, iniciando as interações decorrentes da gravação cósmica para realizar a sua expansão durante a primeira fase. Na ramificação acústica, o resultado da frequência se manifestaria como uma luz fraca, uma resultante da matéria emergente na primeira metade do segundo sistema.

Com o sistema ingressando na zona eletromagnética do primeiro sistema, um "flash" ocorreria, persistindo até o final do sistema, quando adentraria a zona negativa. A frequência diminuiria para entrar nos infrassons, começando a terceira fase, tendo como consequência a harmonização das polaridades. Com a inversão de polaridade, o sistema alcança a zona sonora, harmonizando-se em busca de um equilíbrio ideal. Ao adentrar a zona eletromagnética do sistema principal, ele deduziu que o nascimento do buraco negro visível de polaridade negativa poderia estar ocorrendo. A quinta fase seria influenciada pelos ultrassons, culminando em várias interações. Na sexta e última fase, o sistema atingiria um estado de perfeição na primeira metade, preparando-se para o próximo ciclo na segunda metade.

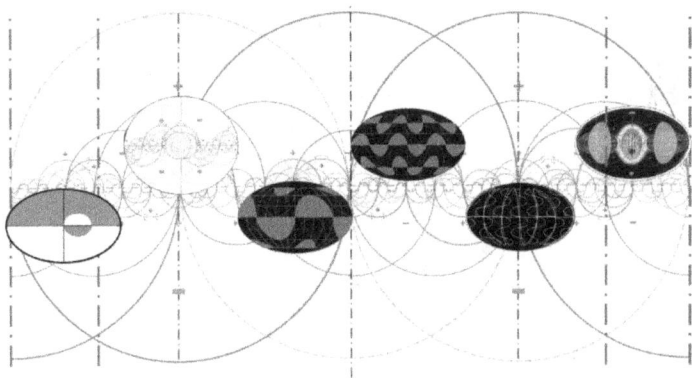

Integração ao Sistema

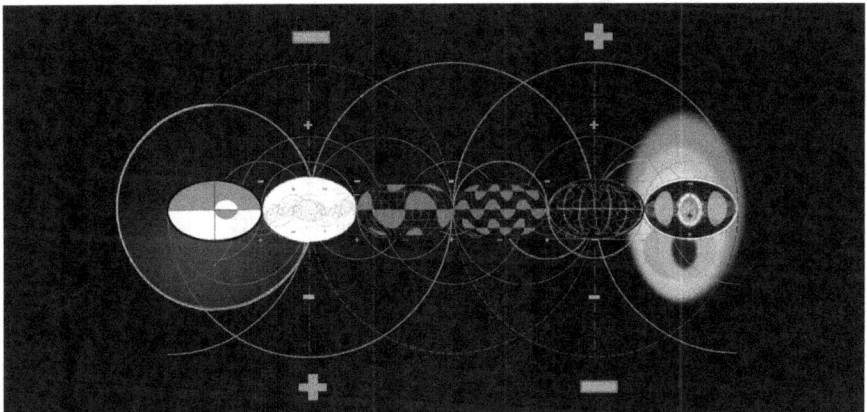

Ao examinar toda essa sequência como parte de um sistema, Ethan concebeu a possibilidade de integrar-se ao sistema da força eletromagnética.

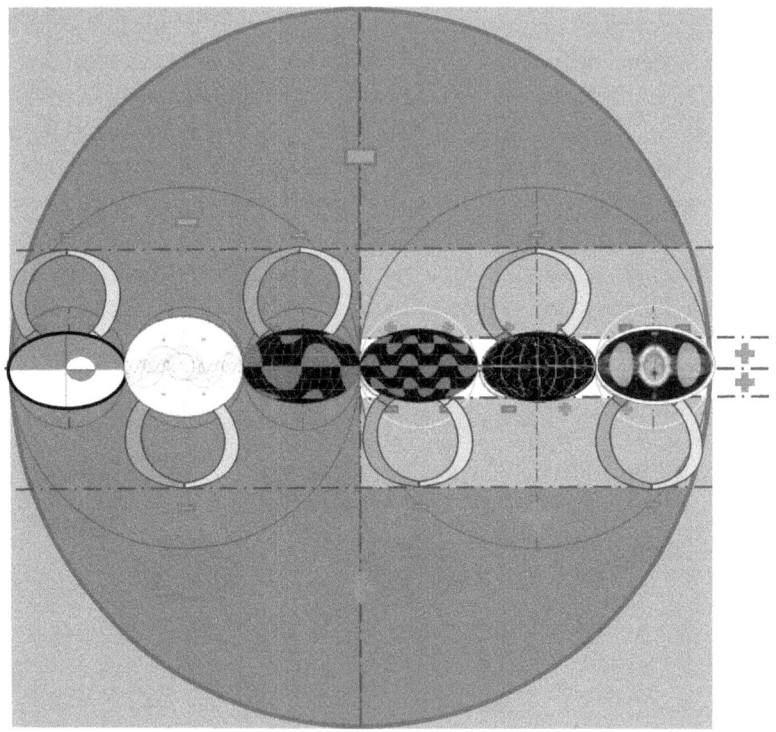

Ele chegou à conclusão de que existe uma distinção de origens entre os dois tipos de buracos negros: o buraco negro visível tem sua origem em uma das zonas do sistema, enquanto o buraco negro invisível positivo seria a essência do sistema, o ponto de equilíbrio. Ele intuiu que esse buraco negro positivo poderia representar a ausência de qualquer interação.

Seguindo essa linha de raciocínio, ele contemplou a ideia de que o sistema que representa o universo poderia ter sua gênese no buraco negro invisível de polaridade positiva, avançando em direção ao buraco negro visível de polaridade negativa. Nesse instante, Ethan teve uma visão extraordinária, desafiando as fronteiras entre compreensão e mistério, percebendo-se pronto para explorar ainda mais as nuances da existência. Dessa forma, lhe pareceu natural imaginar que o processo ocorreria de maneira semelhante à que ele havia idealizado para o funcionamento do universo, porém com uma origem singular.

No entanto, permanecia a indagação sobre como se desenrolaria a continuidade após o buraco negro visível negativo. Como seria o próximo estágio? Ao alcançar o buraco negro negativo, o processo estaria apenas na metade da segunda parte do ciclo para a conclusão.

A origina

Ethan só podia especular sobre qual seria o desdobramento, pois, com base em todas as informações que haviam sido encontradas, parecia evidente que o universo encolheria até se resumir a uma única partícula. Ele compreendia que esse potencial controvérsia só encontraria resolução quando finalmente compreendêssemos o "porquê" da origem desse sistema. Até atingir essa resposta, Ethan encontrava profundo contentamento na perspectiva de ter descoberto uma possível explicação sobre como tudo teve início.

Conclusão

O momento havia chegado; Ethan sentia um senso de realização. Durante sete meses, ele havia se empenhado em explorar até onde uma simples onda poderia levá-lo. Uma jornada extraordinária, seguindo a trilha da gravação cósmica através dos inúmeros sistemas que constituem o universo.

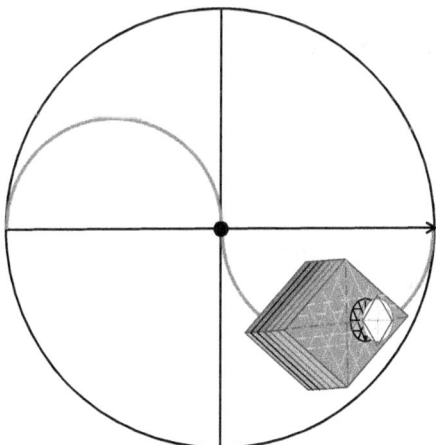

De fato, ao longo desse período, ele se empenhara em compreender todas as interações do percurso da partícula, chegando ao seu ponto de equilíbrio central, o resultado de F1 + F2 = 0. Agora, ele podia contemplar essa jornada que o conduziu a desvendar os mistérios do universo, permitindo-lhe apreciar a complexidade e a beleza do funcionamento do cosmos.

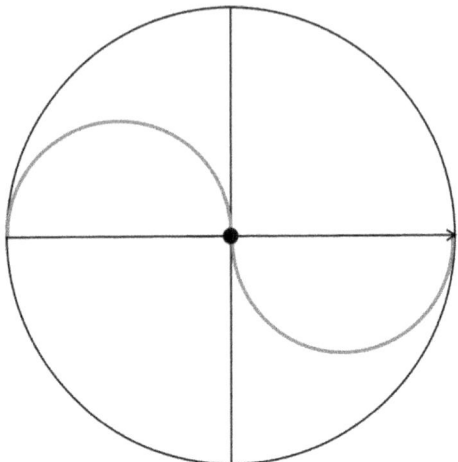

Essas correspondências entre as fases e sistemas reforçam a ideia de um universo interconectado, no qual cada elemento desempenha um papel crucial na sinfonia cósmica. Ethan sentia que sua jornada de descoberta estava apenas começando, com muitas outras revelações esperando para serem desvendadas.

Resumo dos Pontos Principais:

- Exploração dos sistemas de Triplas Inversões e suas implicações.
- Análise das linhas de amarração e sua importância na estabilidade dos sistemas.
- Descoberta das interações entre sistemas acústicos e eletromagnéticos.

Pontos Chave:

- Sistemas de Tripla Inversão: Entendimento das inversões de polaridade e suas consequências.
- Linhas de Amarração: Papel crucial na estabilidade dos sistemas.
- Interação entre Sistemas: Conexão entre sistemas acústicos e eletromagnéticos.

Glossário de Termos Técnicos:

- Força Eletromagnética: Interações entre partículas carregadas eletricamente.

- Tripla Inversão: Inversão tripla de polaridade e direção das forças.

- Linhas de Amarração: Linhas que estabilizam e conectam partes diferentes de um sistema.

- Sinfonia Acústica: Interações sonoras em diferentes frequências.

- Sinfonia Eletromagnética: Interações na faixa eletromagnética.

Conclusão do Capítulo 7:

Neste capítulo, Ethan avançou significativamente na compreensão da estrutura e funcionamento dos sistemas cósmicos. Através da análise de gabaritos e linhas de amarração, ele revelou como diferentes forças e interações se conectam para formar uma sinfonia cósmica harmoniosa. A investigação dos sistemas de Tripla Inversão e a exploração das linhas de amarração permitiram que Ethan mapeasse um quadro complexo e interligado do universo. Cada descoberta abriu novas portas para questionamentos e explorações futuras, impulsionando-o a continuar sua busca incansável pelo conhecimento.

Capítulo 8

Voltando para casa

Resultado

Era chegada a hora de Ethan considerar voltar para casa, carregando consigo os resultados fascinantes de suas explorações cósmicas. No entanto, antes de encerrar esta etapa, ele sabia que ainda havia questões fundamentais a serem enfrentadas, detalhes a serem analisados e perguntas que ainda ecoavam em sua mente.

Uma descoberta impressionante emergiu de seus estudos: toda a arquitetura do universo parecia estar contida dentro de um buraco negro positivo. Diferente do buraco negro negativo, que atrai tudo em sua direção e consome luz e matéria, o buraco negro positivo mantém todos os objetos internos dentro de si, funcionando como um ponto de equilíbrio.

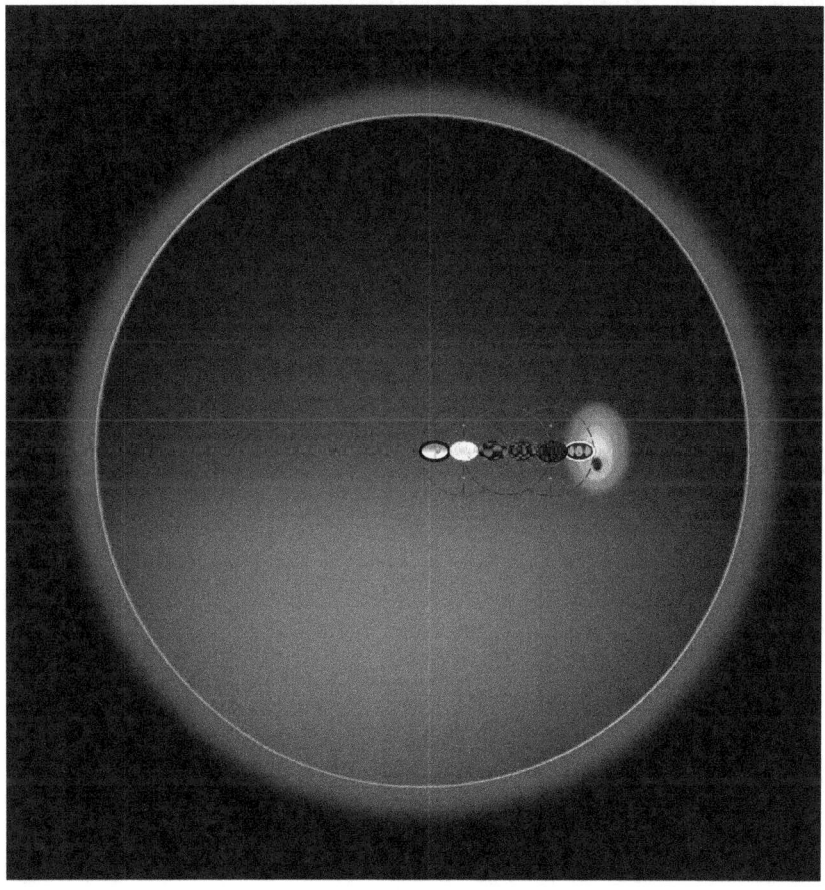

Era como se esse buraco negro positivo fosse a origem de tudo. Ele não apenas sustentava o equilíbrio, mas também servia como um ponto de referência universal, semelhante ao núcleo de um átomo ou ao Sol dentro do Sistema Solar. Ethan percebeu que, se um buraco negro negativo era uma força consumidora, o buraco negro positivo era uma força estabilizadora, permitindo que a matéria interagisse dentro de seus limites sem ser destruída.

No entanto, uma questão permanecia: como a matéria dentro desse universo poderia ser atraída por um buraco negro negativo, se tudo estivesse contido no positivo? Para que essa interação ocorresse, o buraco negro negativo teria que romper internamente sua polaridade, realocando matéria e energia dentro do próprio sistema. Esse fenômeno estava alinhado com o que Ethan já havia observado sobre o movimento da partícula ao longo de sua jornada, ao transitar da zona invisível para a zona eletromagnética.

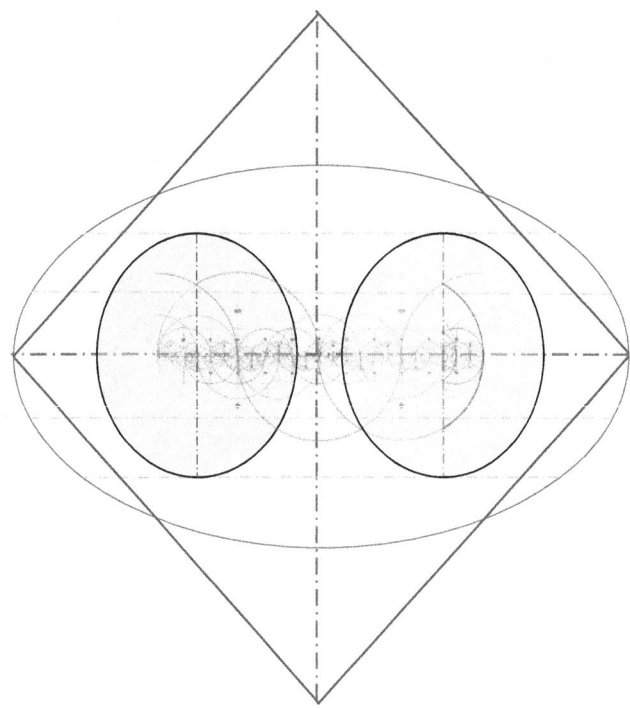

Mesmo com esse avanço, Ethan ainda não estava completamente satisfeito. Algo ainda estava faltando. Se a estrutura do universo dependia de um equilíbrio de forças opostas, então deveria haver mais um elemento nesse sistema. E ao examinar seus cálculos com atenção, ele percebeu o que era: se existia um buraco negro positivo e um buraco negro negativo, deveria haver um terceiro componente — um sistema neutro.

Essa ideia era confirmada pelos gabaritos encontrados ao longo de sua jornada, especialmente aquele que parecia ser o gabarito principal.

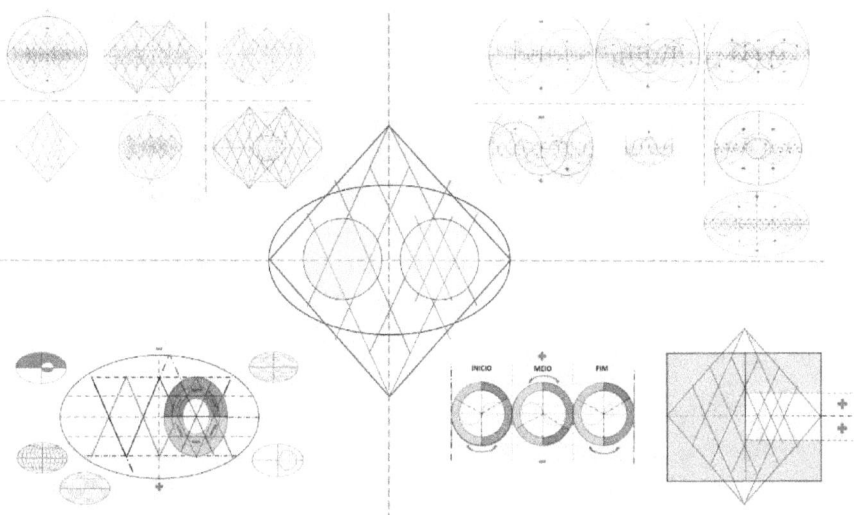

Curiosamente, esse sistema foi descoberto a partir do Oceano Índico, um evento inesperado que permitiu a Ethan compreender como o universo se deslocava de um sistema para outro. Isso indicava que o universo não era fixo, mas dinâmico, fluindo entre diferentes estados de existência.

Com base na lógica dos sistemas analisados, Ethan concluiu que, para que um sistema funcione, ele deve conter um equilíbrio entre suas partes constituintes. Isso significa que, se há um buraco negro positivo que mantém a matéria estável e um buraco negro negativo que absorve matéria, deve haver um terceiro componente que age como fundo neutro, permitindo que os dois interajam sem anular completamente a existência um do outro.

Ethan percebeu que esse fundo neutro é fundamental porque ele impede que a matéria seja completamente destruída ou dispersa no espaço. Em vez disso, ele atua como um campo de estabilidade, sustentando a existência dos demais sistemas e permitindo a formação de estruturas organizadas, como galáxias, sistemas solares e até mesmo átomos.

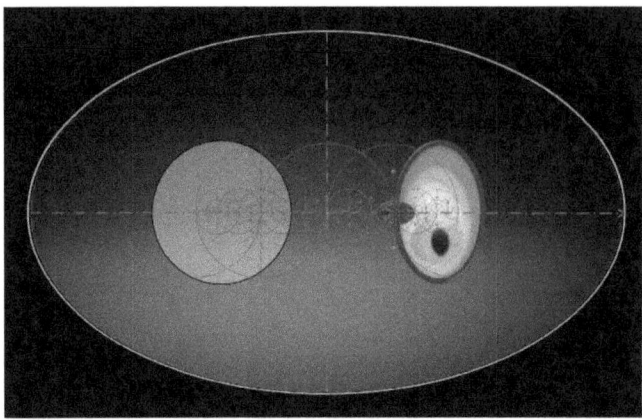

Dessa forma, Ethan finalmente pôde definir a estrutura final do sistema completo, composta por três componentes essenciais:

1. Um buraco negro de polaridade positiva

2. Um buraco negro visível de polaridade negativa

3. Um sistema de fundo neutro, que atuava como a base sobre a qual toda a estrutura do universo se sustentava

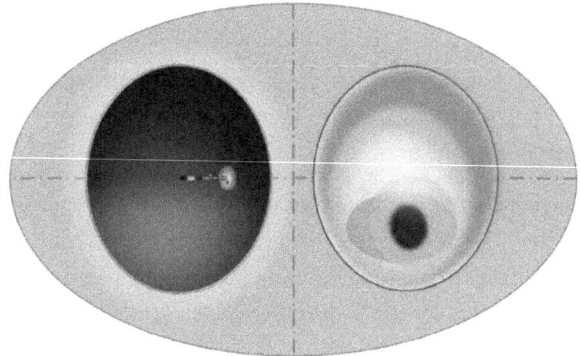

Foi então que Ethan percebeu um padrão fundamental: todos os sistemas possuíam um ponto em comum – um centro neutro. Isso indicava a possibilidade de que o sistema positivo e o sistema neutro estivessem interligados, formando uma estrutura idêntica às outras, mas completamente neutra. Se toda a matéria do universo estivesse conectada a esse plano de fundo neutro, isso poderia explicar o funcionamento das forças gravitacionais, eletromagnéticas e acústicas em todas as escalas.

Agora, Ethan começou a se perguntar: se esse sistema neutro realmente influenciava todas as estruturas, qual seria sua relação com a Terra e o Sol?

Ele então formulou uma hipótese ousada: o buraco negro visível de polaridade negativa, contido dentro do sistema invisível de polaridade positiva, poderia representar o núcleo da Terra. Assim, o restante da zona visível do sistema formaria a estrutura completa da Terra, incluindo sua atmosfera.

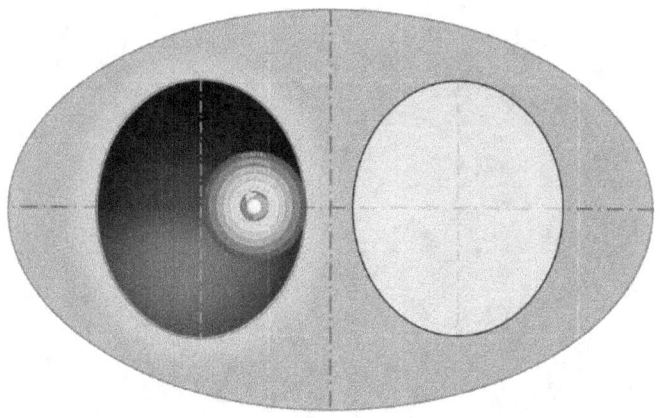

Ao expandir essa ideia para o Sistema Solar, Ethan percebeu que essa configuração poderia determinar a posição exata da Terra no sistema e a frequência de referência para os outros planetas.

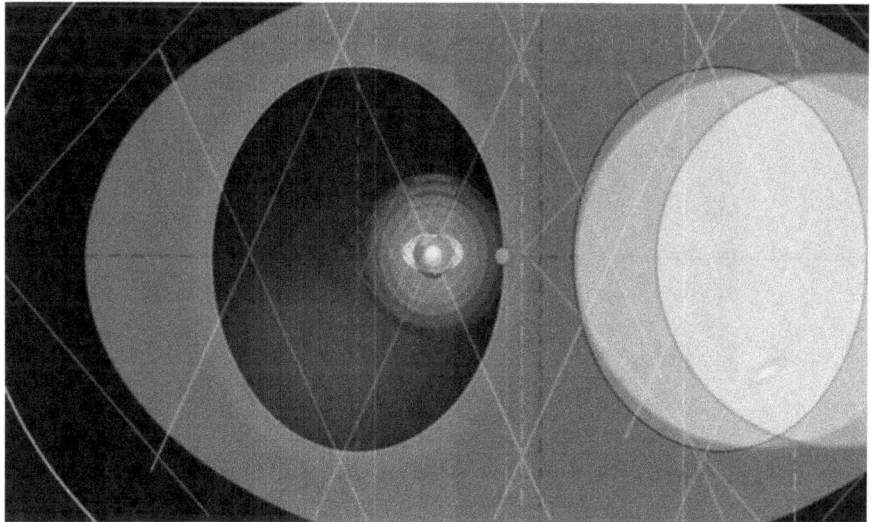

Mas ele não parou por aí. Buscando padrões semelhantes em outras escalas, Ethan analisou a Via Láctea e percebeu uma correspondência clara entre zonas. Entretanto, o sistema da Via Láctea representado no diagrama não correspondia à localização exata do Sistema Solar. Isso reforçava a hipótese de que a posição real do Sistema Solar deveria ser determinada pelo gabarito do sistema neutro.

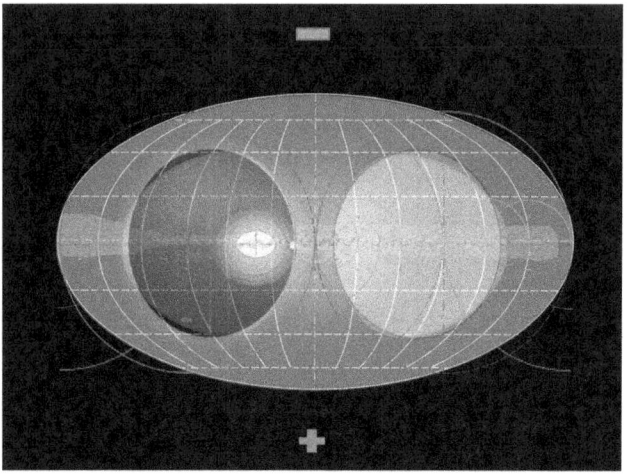

Ethan percebeu que, assim como os sistemas menores, o Grupo Local seguia um padrão previsível de distribuição e movimento. O relacionamento entre a Via Lactea refletia os mesmos princípios de equilíbrio observados.

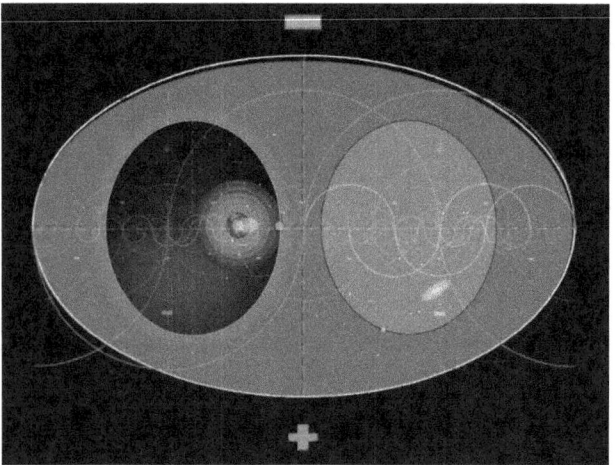

Com essa nova percepção, Ethan confirmou que os princípios descobertos se aplicavam em todas as escalas do universo, desde as menores partículas até as maiores estruturas cósmicas.

Agora, tudo parecia claro. O funcionamento do sistema se ordenava em fases distintas, apresentando no total 12 estados diferentes.

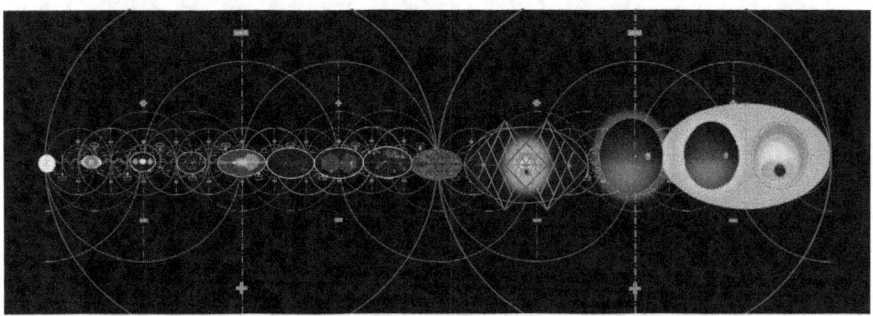

Tendo as mesmas características que já foram encontradas quando tentamos desvendar o funcionamento do Sistema Solar, Ethan percebeu que o padrão se repetia em todas as escalas.

Da mesma maneira, encontramos essas mesmas características quando colocamos cada resultado descoberto no sistema do universo. As interações eletromagnéticas e acústicas seguiam a mesma lógica, mostrando que o funcionamento dos sistemas menores refletia o comportamento das estruturas cósmicas maiores.

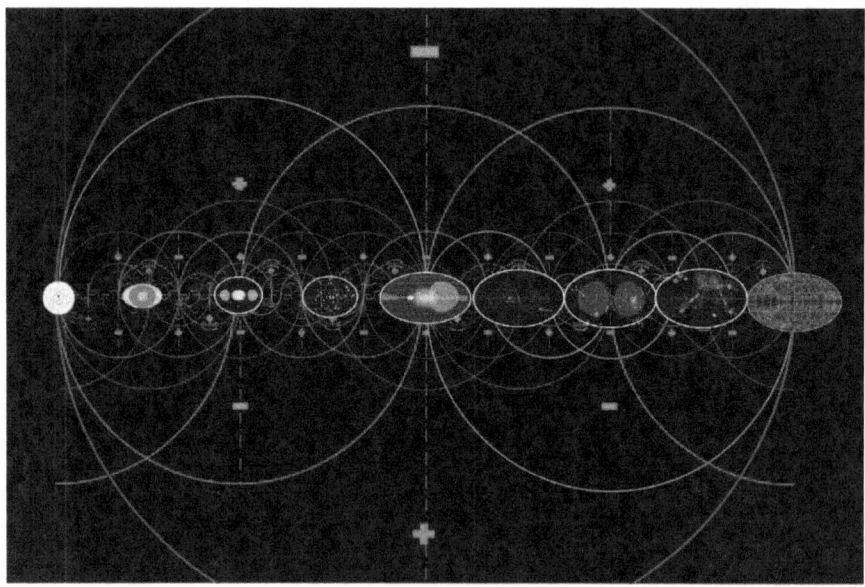

Agora, parecia mais fácil entender como o sistema funciona e se organiza em todas as suas fases, apresentando, em sua totalidade, **12 estados diferentes**. Cada um desses estados representava uma etapa do deslocamento da partícula, um ciclo que se repetia tanto no nível subatômico quanto no macrocosmo das galáxias e superaglomerados.

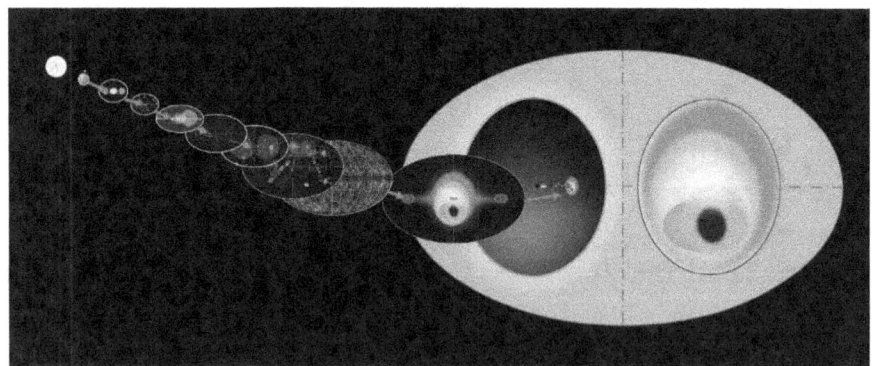

Conclusão Final: A Sinfonia do Cosmos

O crepúsculo lançava suas últimas cores no horizonte enquanto Ethan permanecia imerso em seus pensamentos. A brisa suave da noite trazia uma sensação de realização, mas também a inquietação de saber que toda descoberta é apenas um novo começo.

Foram décadas dedicadas à exploração dos mistérios do universo, e agora ele via com clareza o padrão que conectava tudo: a relação entre forças opostas e complementares, entre luz e sombra, entre estabilidade e transformação. O buraco negro positivo, o buraco negro negativo e o sistema neutro não eram apenas conceitos abstratos; eram os pilares de um equilíbrio cósmico que se repetia desde a escala subatômica até os superaglomerados de galáxias.

A teoria que emergiu dessa jornada, aquilo que ele chamava de "A Sinfonia Cósmica", era mais do que um modelo matemático – era um reflexo da própria natureza do universo. Cada partícula, cada estrela, cada sistema seguia a mesma harmonia subjacente, regida por interações que se expandiam e se repetiam em ciclos eternos.

Mas Ethan sabia que este não era o fim. Pelo contrário, era o primeiro vislumbre de uma verdade maior. Se o universo segue padrões cíclicos, então sua busca apenas revelou uma camada superficial dessa estrutura infinita. O próximo passo, agora, não era apenas explorar as forças cósmicas, mas entender a consciência humana dentro dessa equação.

Ele olhou para o céu e sentiu-se pequeno, mas ao mesmo tempo profundamente conectado ao universo. A mesma curiosidade que impulsionou sua jornada até aqui era a mesma que guiava a humanidade há milênios – e que continuaria movendo os exploradores do futuro.

O conhecimento não era um destino, mas um caminho sem fim. E, assim como o próprio universo, ele continuaria se expandindo.

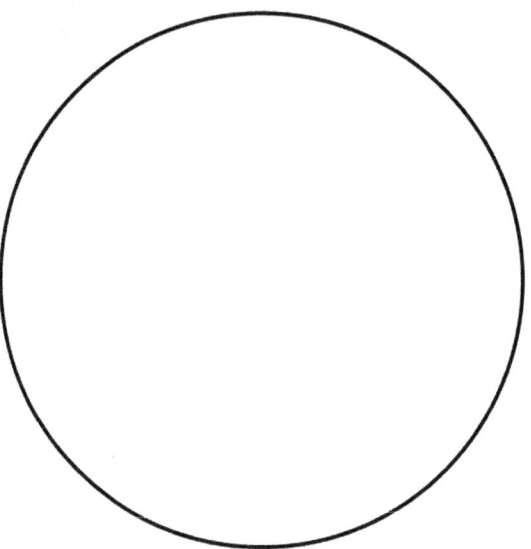

Sobre o Autor

Jean-Charles Watelet é um pensador franco-brasileiro cuja trajetória singular teve início com uma pergunta ousada e transformadora: *e se os mesmos princípios que regem a física também governassem o comportamento humano?*

Dessa intuição inaugural nasceu o Sistema Universal, uma teoria estrutural baseada no giro único de uma partícula — movimento primordial que o levou à hipótese de um possível "DNA do universo", matriz vibracional que interliga todas as formas de existência.

Autor de sete obras que transitam com fluidez entre ciência, filosofia, psicologia e espiritualidade, Watelet oferece ao leitor uma visão unificada da realidade — onde o visível e o invisível, o átomo e o cosmos, os dilemas pessoais e os grandes eventos da humanidade são engrenagens de uma mesma dança vibracional.

Entre seus títulos de maior impacto estão *O Sistema Universal*, As Leis do seu universo interior, A Essência da Vida, *Desvendando a Síndrome do Pequeno Poder, O Pequeno Poder Mata, Adolf: A Intenção* e *Hitler: O Armagedom*. Em cada uma dessas obras, ele articula análise psicológica profunda, consciência histórica aguçada e revelações provocadoras sobre as estruturas invisíveis que moldam nossas emoções, decisões e destinos.

Criador do método Melhore seus Relacionamentos, Jean-Charles traduz suas descobertas em ferramentas práticas de transformação pessoal. Sua obra de estreia, *As Leis do Seu Universo Interior*, lançada na Bienal Internacional do Livro de Maceió em 2017, foi o ponto de partida de uma jornada literária dedicada à expansão da consciência humana.

Atualmente radicado em uma charmosa cidade do Nordeste do Brasil, ele encontra inspiração na serenidade das paisagens e na profundidade simbólica da cultura local. É nesse ambiente fértil que continua suas pesquisas — com um propósito claro: revelar os códigos ocultos da existência e propor uma nova forma de compreender a vida, unindo o saber ancestral à investigação científica contemporânea.

Mais que autor, Watelet é um cartógrafo da consciência — alguém que convida o leitor a enxergar a vida sob um novo ângulo, onde entender é o primeiro passo para se libertar.

Obras Literárias de Jean-Charles Watelet

O conjunto das obras de Jean-Charles é um recurso essencial para qualquer leitor interessado em aprofundar-se no entendimento do comportamento humano, da história, das dinâmicas de poder e manipulação, e das conexões cósmicas. Suas obras oferecem uma abordagem única que combina ciência, psicologia, filosofia e história, proporcionando uma leitura que informa, inspira e transforma.

O Sistema Universal

Explorando os fundamentos do cosmos, este livro conecta a ciência à introspecção, levando o leitor a descobrir seu papel na grande orquestra cósmica. Com uma abordagem inovadora, Jean-Charles combina raciocínio lógico e ciência para desvendar as conexões entre o microcosmo humano e o macrocosmo universal.

As Leis do Seu Universo Interior

Essa obra harmoniza ciência, psicologia e práticas de desenvolvimento pessoal, oferecendo um guia prático para compreender as leis que regem o comportamento humano. Ideal para quem busca crescimento pessoal e interações mais conscientes, é um recurso valioso para transformar perspectivas e melhorar as relações.

A Essência da Vida

Combinando ciência, comportamento humano e filosofia, *A Essência da Vida* investiga os padrões universais que moldam a existência. Jean-Charles Watelet explora a estrutura oculta que rege o universo e demonstra como esses princípios se refletem em nossa biologia, emoções e relações. Partindo da equação fundamental do equilíbrio, o livro revela como as forças do cosmos influenciam nosso destino e como a compreensão desses padrões pode transformar nossa percepção sobre a vida. Uma jornada profunda rumo ao entendimento da interconexão entre o ser humano e o universo.

Desvendando a Síndrome do Pequeno Poder

Uma análise multifacetada sobre as dinâmicas de poder e manipulação que permeiam a vida cotidiana. Jean-Charles combina ciência, psicologia e experiências reais para criar uma narrativa impactante, fornecendo ferramentas para reconhecer e enfrentar essas dinâmicas de maneira eficaz.

O Pequeno Poder Mata

Neste livro, Jean-Charles Watelet mergulha nas dinâmicas ocultas do poder e da manipulação, revelando como pequenas doses de autoridade podem corromper indivíduos e sistemas inteiros. Com uma abordagem analítica e psicológica, a obra disseca os padrões de comportamento que transformam líderes, gestores e até pessoas comuns em agentes de dominação e destruição. Ao expor os mecanismos invisíveis da síndrome do pequeno poder, o autor oferece ao leitor as ferramentas para reconhecer, resistir e se libertar dessas influências nocivas.

Adolf: A Intenção

Mais do que um relato histórico, esta obra é um estudo profundo sobre motivações humanas e suas consequências. Jean-Charles oferece uma narrativa envolvente e reflexiva, conectando os eventos históricos de Adolf Hitler às lições sobre empatia e responsabilidade. Um convite poderoso para refletir sobre as ações do passado e construir um futuro mais consciente.

Hitler: O Armagedom

Estruturado como uma peça de teatro, este livro explora como o conceito do Armagedom inspirou Adolf Hitler em sua orquestração apocalíptica. Jean-Charles revela os bastidores das intenções ocultas do regime nazista e o impacto devastador da manipulação em massa sobre a população alemã. Uma obra marcante que conecta história e simbolismo, levando o leitor a refletir sobre as dinâmicas do poder e suas implicações.

Uma Visão Transformadora

Com uma abordagem única e integradora, Jean-Charles Watelet combina ciência, filosofia, história e psicologia para oferecer reflexões profundas e inspiradoras. Suas obras convidam os leitores a explorar as forças que moldam a humanidade e o cosmos, promovendo empatia, autoconhecimento e transformação pessoal. Mais do que livros, são ferramentas para compreender o mundo e nosso papel nele.

www.ingramcontent.com/pod-product-compliance
Lightning Source LLC
Chambersburg PA
CBHW072144290526
45794CB00004B/1412